生命はデジタルでできている

情報から見た新しい生命像

田口 善弘　著

ブルーバックス

●カバー装幀／芦澤泰偉・児崎雅淑
●目次・章扉デザイン／齋藤ひさの

はじめに

　いま、生物学の分野で静かな革命が進行しつつある、と言ったら読者のみなさんは驚くだろうか？　その生物学の分野とは、ゲノム科学である。ゲノム科学に関する新しい知見がネットに流れない日のほうが珍しい。

「寿命を延ばす遺伝子発見！」

「『がんゲノム医療』検査に保険適用」

「オプジーボの対価、『対立』深まる」

　なんだかすごいことがこの分野で起きているっぽい。だが、なぜ、「突然」こんなことになっているのか？　その疑問に答えてくれる報道は少ない気がする。本書の目的はそれを少しでもわかりやすく説明することにある。

　そのために、本書ではＤＩＧＩＯＭＥ《ディジオーム》という造語を導入した。ＤＩＧＩＯＭＥ《ディジオーム》とは何か？　それは、デジタル情報処理系としてゲノムを捉える考え方だ。ゲノムを構成するＤＮＡが、ゲノム情報という意味で、我々生命の設計図たる情報を担っていることは、ワトソン＝クリックによる

DNAの二重螺旋《らせん》構造の発見の頃から知られていた。だが、本書ではそこを一歩踏み込んで、ゲノム自体をデジタル情報処理装置として捉える見方を提案したい。

我々人類が、デジタル情報処理装置の恩恵を日常的に享受できるようになったのは、わずかにここ数十年のことにすぎない。だが、生命体はそのそもそもの誕生時からこの高度なデジタル情報処理系の恩恵を享受してきた。周知のように、我々人類がデジタル情報処理装置の恩恵を享受するには、高性能ながら安価な情報処理装置（たとえば、スマホ）の発明が必須だった。生命体はそのような精密な情報処理装置を持っていないにもかかわらず、ゲノムをデジタル情報処理装置として機能させることに成功してきた。本書で語りたいのは、なぜ、そんな奇跡のようなことが可能だったのか、ということだ。

実際、デジタル情報処理系たるゲノムは、我々人類が作り上げた精緻で緻密なそれとは、似て非なる側面を持っている。ある面では我々のそれより優れているし、ある意味では劣っている。そして、いま、このタイミングでその詳細が明らかになったのは、デジタル情報処理系としてゲノムの動作を克明に観測して記録できるだけの技術と知識を我々が手にしたことによる。いままで秘密のベールの奥に隠されていたその機構の謎が日々、その観測技術によって続々と白日のもとにさらされている。前述のゲノム科学における新発見の連鎖はその帰結にすぎない。そして、その技術の一端にはいまAIという呼び名で（ある意味あやまって）人口に膾炙《かいしゃ》しているところの機械学習の進歩も大きく関わっている。

この本はそんな存在、DIGIOME《ディジィオーム》を巡る冒険譚を、極力最先端の知見を用いて語ることを目的とする。この本を読み終えたとき、きっとあなたは、いままで見ていた「生命」をそれまでとは随分と違う目で見ることができるに違いない、と信じる。

それでは、さっそく、ページをめくって頂きたい。僕の力の及ぶ限りでみなさんをこのDIGIOME《ディジィオーム》という新しい生命の世界に招待してみたいと思う。

目次

第2章

RNA《トランスクリプトーム》のすべて――タンパク質にならない核酸分子のミステリー　41

第3章

タンパク《プロテオーム》のすべて——組成を変えずに性質を変える魔法のツール　105

第4章 代謝物のすべて《メタボローム》——見逃されていた重要因子 157

第5章 マルチオミックス――立ちはだかるゲノムの暗黒大陸 181

第1章

ゲノム

三八億年前に誕生した驚異のデジタル生命分子

1・1 セントラルドグマ

セントラルドグマ。一九九〇年代の伝説的なアニメ、『新世紀エヴァンゲリオン』に登場した言葉だ。物語の主な舞台となる地下都市、ジオフロントの巨大な空間の中心にある空洞にその名前は使われた。もちろん、この本をアニメの話から始めようというつもりはない。セントラルドグマはれっきとした学術用語であり、『新世紀エヴァンゲリオン』の制作スタッフの面々はそこからこの用語を（響きの良さに惹かれて）使ってみたに相違ない。

セントラルドグマ、直訳したら中心となる教義、というわけだが、それではセントラルドグマは何についての中心となる教義なのか？　高校では理科四科目、物理、化学、生物、地学を学ぶと思うが、そのうちの生物学がセントラルドグマに関係している。生物学の中でも主に分子レベルの生物学を扱う、分子生物学という分野における中心となる教義がセントラルドグマ、である。

この分子生物学には他の生物学の分野と異なる大きな特徴がある。通常の生物学では、生物の種類ごとにまったく異なった学問的なアプローチが取られる。昆虫と哺乳類に同じアプローチを取るのは難しい。まず、最大の昆虫と最小の哺乳類が同じくらいの大きさである。つまり、昆虫は体が小さく、哺乳類は体が大きい。普通の哺乳類の体重を測るにはキログラム単位が妥当だろうが、昆虫の場合にはグラム単位でなくてはならないだろう。哺乳類は肺で呼吸して酸素を取り入れているが、昆虫は肺がないどころか、そもそも息を吸ったり吐いたりする、という意味での呼吸はしていない。昆虫は酸素の供給を気管という体に空いた穴を通じて漂ってくる空気（拡散）に頼っている。大型の昆虫は飛翔時などはこれでは足りないので、気嚢《きのう》という袋状の器官に空気を吸い込んだりするが、それとて運動筋の収縮伸長時の副次効果であって積極的に空気を吸い込む仕組みを備えているわけではない。

こんなふうに生物学は種類によって体の構造に大きな違いがあるため、統一的な研究手法は取りにくい。このため、日本生物学会という学会は存在しない。生物学の一番上のカテゴリは動物学と植物学であり、動物学会と植物学会は別々の学会である。一緒に学会をやってもそもそも共通の話題がないから日本生物学会はないのだという。

これに対して、分子生物学は広くいろいろな種類の生物に当てはまる原理を扱っている。植物の分子生物学と動物の分子生物学を研究している生物学者が、出会っても話が通じないなどということはない。実際、日本分子生物学会という学会はちゃんと存在している。考えてみれば、生物学系では日本で一番上位のカテゴリの学会は、日本動物学会でも日本植物学会でもなく、日本分子生物学会なのかもしれない。実際、「日本生物学会」と検索すると先頭にヒットするのは日本分子生物学会である。

さて、そんな生物全般を対象にできる分子生物学における中心となる教義、セントラルドグマとはいかなるものなのか。そのためには、まず、DNAについて説明することから始めないといけない。DNAはデオキシリボ核酸の省略形であり、デオキシリボース（五炭糖）とリン酸、塩基から構成される核酸である。塩基はプリン塩基であるアデニン（A）とグアニン（G）、ピリミジン塩基であるシトシン（C）とチミン（T）の四種類しかない。DNAはこのたった四種類の核酸が一次元的に繋がって非常に長い紐《ひも》状の分子になったものである。驚いたことにこのDNAはなんと、一部のウイルスを除きすべての生物に共通である。もっとも、結晶化することができ、結晶化してももちろん死ぬわけでもないウイルスを生物と呼ぶべきかどうかはかなり疑問ではある。そのあたりの目に見えないバクテリアやウイルスから取り出したDNAも、みなさんの体細胞から取り出したDNAも、化学物質としてはまったく同じものであり、その二つを区別することは不可能である。

しかし、もちろん、セントラルドグマと名がつくほどの重要な原理の説明に必要不可欠な実体

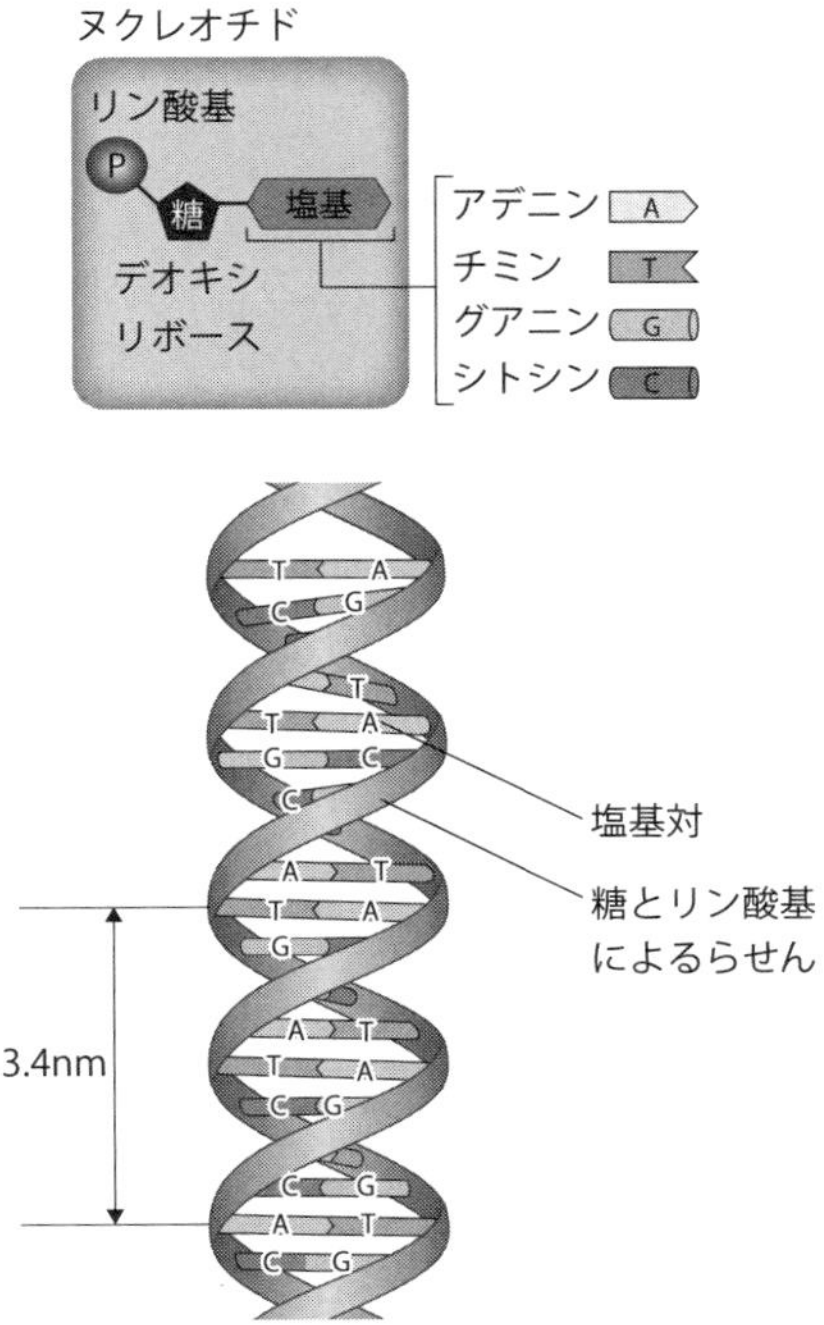

図1-1　DNAの構造
アデニンとチミン、グアニンとシトシンが常にペアになっているピッチ長さ3.4ナノメートルの二重らせんがDNAの基本構造であり、DIGIOMEの心髄である。　ブルーバックス『新しい人体の教科書（上）』より転載

であるというDNAが、人間とバクテリアでまったく同じというわけもない。それでは何が違うのか、というと四つの核酸の並び方と長さが大きく異なる。普通のバクテリアのDNAは数百万塩基の長さ「しか」ないのに対して、ヒトのDNAの総長はなんと三〇億塩基の長さがある。バクテリアでも数百万、人間に至っては数十億という長さのDNAはいったい、どんな役目を果たしているのか。それはごく単純化してしまえば、バクテリアなり、人間なりの生物がどんな形でどう機能し、どのように生存しているかの設計図をなしているのである。『新世紀エヴァンゲリオン』と同時期に作られ、そして、いまでも延々と続編が作られ続けている映画、『ジュラシック・パーク』では琥珀《こはく》に閉じ込められた蚊の体内から蚊が吸った恐竜の血が取り出され、そこから得たDNAの情報で恐竜が現代に蘇《よみがえ》るという設定が描かれた。つまり、DNAという生命の設計図さえあれば、どんな生命体でも再現可能だと信じられているわけだ。もっとも、人類はまだこの設計図の完全なる読み方を知らないので、仮に映画のように恐竜のDNAが完全な形で得られたとしても、恐竜を蘇らせるのは無理だろう。

さて、この設計図を生物はどのように読んで実際に生物という実体を作っているのか、という原理がセントラルドグマである。DNAという名の設計図は、いわばA、T、G、Cという四種類の記号の並びで記録されたデジタルデータなわけだが、それをどうやって読み出しているか？

デジタルデータという記録方式は我々の身近に溢《あふ》れている。たとえば、テレビのデジタル放送（地上波）はデジタル通信の最たるものだし、ブルーレイに記録された映像や音楽も、ストリーミングで聴き放題の音楽もみなデジタルデータである。我々がこれらのデジタルデータを楽しむにはプレーヤー（デジタル放送ならテレビ受像機、ブルーレイならブルーレイプレーヤー、ストリーミングミュージックならスマホの音楽アプリ）が必要なように、生物もDNAという名のデジタルデータを活用するためにプレーヤーに相当する仕組みを持っている。その仕組みは簡単に言ってしまえば、部分読み出しと逐次再生である。

部分読み出し、というのは、長大なDNAから直接情報を読み出して使うのではなく、まず、短い部分コピーを作ってからプレーヤーにかけて再生を行う、という意味である。仮にダウンロードした何千曲もの音楽データがスマホに入っているとしても、ある日に聴きたい音楽は決まっているから数曲から数十曲のプレイリストを作ってそれを何度も再生するのが普通だろう。数千曲の音楽を順番に端から聴いていく人などいないだろう。同じように、生物もDNAを部分的にコピーしてリストを作り、それを日常的には活用している。この部分コピーの名がRNAで、これはリボ核酸の省略形であり、リボース、リン酸、塩基から構成される。DNAと同じように四種類の分子からなっているがチミン（T）の代わりにウラシル（U）が使われている。DNAの

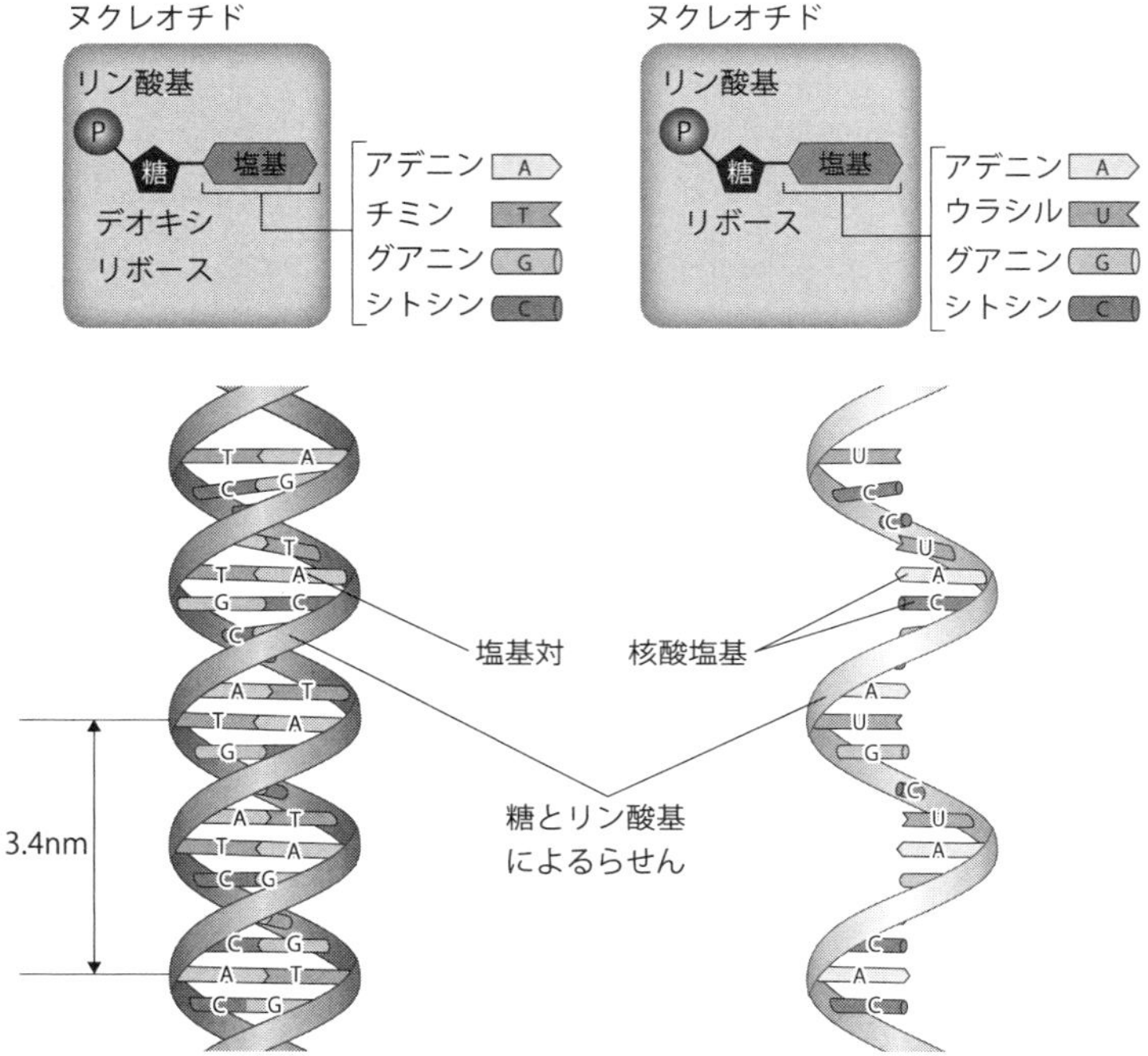

図1-2　RNAはDNAに逆変換できる

RNA（右）はDNA（左）の二重らせんのATGCの並びのうちの１つをAUGCに変えたものと完全に一致しており、情報としては同一である。DNAの二重らせんどうしはAをT、GをCに変えたものなので、これも情報としては同一。結局、DNAの二重らせんの１本からコピーされたRNAとDNAの二重らせんのそれぞれは完全に同一の情報を持っている。　ブルーバックス『新しい人体の教科書（上）』より転載

ＡＴＧＣがそれぞれＲＮＡではどうコピーされるかは決まっている、ＵＡＣＧがその答えだ。ちょっと例えが古くて若い人には通じないかもしれないが、ちょうど写真のネガとポジのような関係になっていて、ＲＮＡはＤＮＡに逆変換できる完全なコピーになっている。

ＲＮＡが音楽の再生リストであるとするなら、再生された音楽に相当するものは何か？　ＲＮＡを「演奏」すると何が生まれるのか？　それがタンパクである。ＤＮＡとかＲＮＡとかいう単語に比べるとタンパクという単語は普通に日常会話でも登場する単語ではある。そう、いわゆる三大栄養素のタンパクそのものである。タンパクというと肉や大豆に豊富な重要な栄養素という知識を持っている人が多いだろう。セントラルドグマにおいて、生物の設計図たるＤＮＡから読み出されて、ＲＮＡという再生リストを経て、最終的に作り出されるのがタンパクである。

ほとんど知られていないことだが、タンパクもまたＤＮＡやＲＮＡと同じような有限種類の分子が一次元的に繋がった長い紐である。ステーキや豆腐に目を凝らして見てもちっとも紐のようなものは見えない、と思うかもしれないが、それには理由がある。もちろん、肉眼で見えるほどの大きさではない、という理由もあるだろうが、仮に、人間の視力がタンパクの紐が見えるほど高性能であったとしても、紐のようなものは一切見えないだろう。というのも、タンパクという長い紐はできる端から絡まって塊になってしまうからだ。

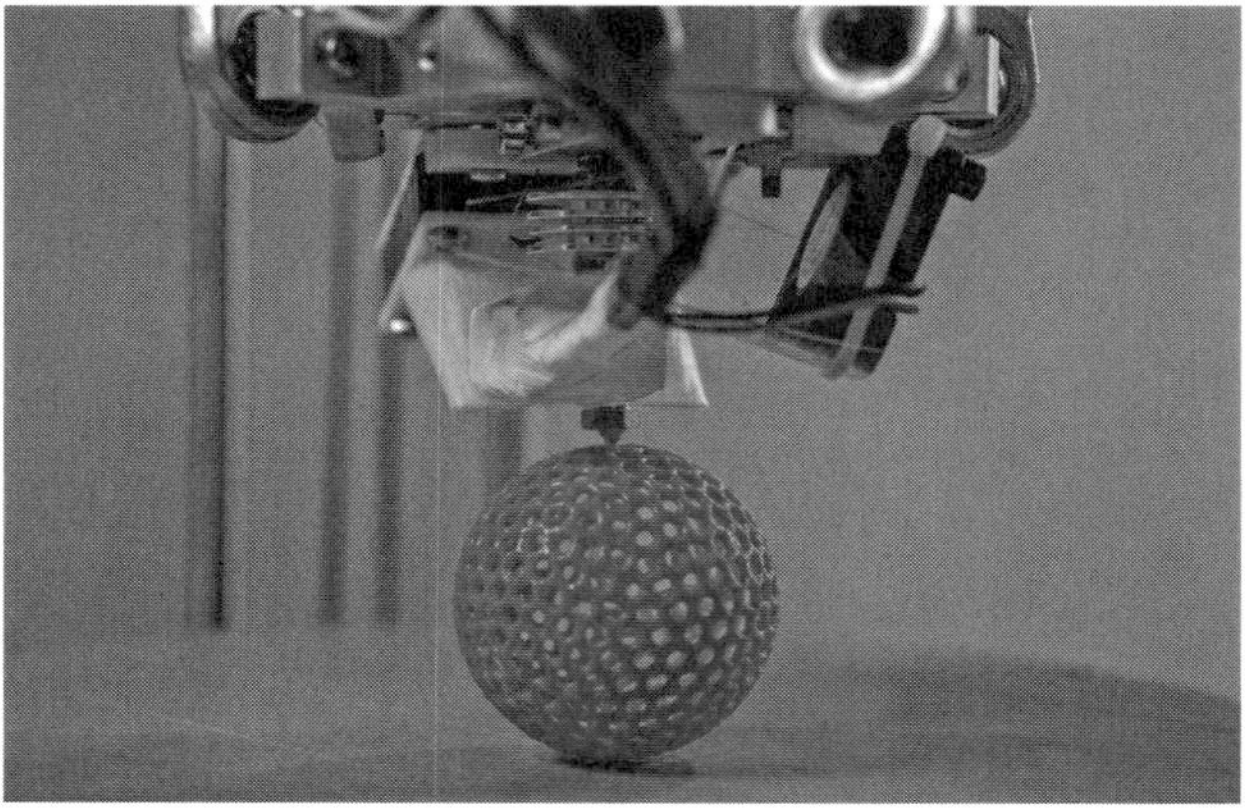

紐状の物体を積み上げることで立体構造物を作る3Dプリンター
写真提供：アフロ

みなさんは３Ｄプリンターというものをご存知だろうか？　コンピュータに繋ぐと、印字された書類やきれいな写真ではなく、三次元的な塊が作られるアレだ。３Ｄプリンターが動作しているところを見たことがある人ならわかると思うが、実際に３Ｄプリンターが「印刷」しているのは三次元的な構造物などではなく、穴から練り歯磨きよろしく押し出されてくる長い紐状の物体である。３Ｄプリンターはその長い紐を器用に積み上げて三次元的な構造物を作っていく。それはちょうど、パティシエが道具でクリームを押し出しながら器用にケーキをデコレーションしていく様に似ている。３Ｄプリンターが作った構造物は乾いて固まってしまったあとでは、もともとがクリーム状に押し出された一次元の長い紐だったようには到底見えない。同じように、絡まって塊になってしまったタンパクは、もはや紐には見えず、複雑な構造を持った巨大な分子にしか見えない。

この「ＤＮＡという設計図からＲＮＡという再生リストが構成され、そこから３Ｄプリンターよろしくタンパクという三次元の巨大分子が作り出されるプロセス」をセントラルドグマ、と呼んでいる。なんだ、それだけか大げさな、という感想もあるだろう。実際、僕も最初にこれがセントラルドグマだと言われたとき、なんかピンとこなかったものだ。だが、実際、ある意味、それだけの大げさな名前がつくだけの理由がある。それを次節以降で見ていこう。

1・2　なぜ、セントラルドグマ、なのか？

まず、前述のように「生きている」以外にはなかなか共通点が見つけにくい、日本生物学会も作れないほど多様な生物学の分野にそれこそバクテリアから人間までありとあらゆる生命体に共通の原理が見つかったことの衝撃だ。

セントラルドグマと同じくらい、いや、それ以上に生物に共通している原理といったら進化以外にない。進化とは、簡単に言ってしまえば、生物は常に変化しており、たまたまそのときの環境に合っていたものだけが子孫を残す、という原理である。変化こそが生物の本質であり、それゆえにこそ生物は長い歴史の中で多様性を獲得した。その気が遠くなるほどの長い変化の歴史の中でこのセントラルドグマだけは変わらなかった。変わらなかったからこそ、バクテリアから人間までが同じセントラルドグマを採用している。すべての生命体が同じＤＮＡとＲＮＡを持ち、そこからタンパクを作り出している。進化の途中で「もっと良いシステム」が生み出されてもおかしくはなかったのにそれがそのまま、何十億年もすべての生命体に共有され続けたというのはある意味で驚異であり、まさにセントラルドグマという名前こそふさわしい、と思われただろう。

セントラルドグマがその名前に値する理由はそれだけではない。すべての情報がＤＮＡに集中しているおかげで、情報を子孫に伝えることが容易になった。三〇億塩基もの長さがあるといっても、所詮は高分子であり、小さくまとめればごくわずかな体積を占めるにすぎない。したがって、子孫に伝えることもまた容易だった。生命体の情報が分散されず、ＤＮＡの中に、まさにセントラルに集中して蓄えられていることが、遺伝という仕組みを通じて子孫に繋げていくことができる要因である。

かつて、分子生物学など夢想だにできない時代、人々はなぜ、人間が生まれてくるのか疑問に思った。母親の胎内から出てくるときには赤ん坊ながら人間はすべての基本的な「部品」を備えて生まれてくる。こんな複雑なものを作る「情報」はどこに入っているのかと訝《いぶか》ったのだ。悩んだ挙げ句、一部の生物学者はホムンクルスという概念をひねり出した。人間の卵や精子には最初から人間の体を小さく縮小した小人（＝ホムンクルス）が入っていて、それが大きく成長して出てくるだけなのだと。ＤＮＡこそまさに、昔の生物学者が考えたホムンクルスの正体だったわけだ。

もう一つのポイントとしては、同一のＤＮＡがすべての細胞に存在していることだ（赤血球などの一部の細胞を除く）。単細胞生物は一細胞、一個体だから、個々の細胞が全情報たるＤＮＡを保持していなくては子孫に受け継げないので当然だろう。多細胞生物は、全ＤＮＡを体のどこかに保持していれば、子孫に引き継げるので、個々の細胞に全ＤＮＡを持っている必要がなさそうに見えるが、別の理由で個々の細胞が全ＤＮＡを保持している必要がある。多細胞生物であっても、たった一個の受精卵から分裂して発生しなくてはならない。多細胞生物を構成する個々の細胞は分化が進んでいて、それぞれが独自の機能を発揮している。この分化は個々の細胞がＤＮＡのどの部分を読んでいるかの差で発揮されている。最終的に個々の細胞が分化してどの細胞になるかわからないため、細胞が分裂するときにＤＮＡのどの部分を分化後に使うかもわからない。

勢い、無駄とわかっていても、分裂のたびにすべてのDNAを複製するしかない。この結果、すべての細胞がDNAを持っていることになり、この点からは分化が終わった後の細胞もみな等価である。これがすべての細胞がセントラルドグマに従ってタンパクを作り出すことを可能にしている。その意味でも、セントラルドグマはまさにセントラルなドグマと言えるだろう。

1・3 デジタル処理系としてのセントラルドグマ

DNAは生命の設計図を記したデジタルデータであると述べた。このDNAは現在は、生命の設計図を記したという内容込みで、ゲノムと呼ばれている。ゲノムとDNAは物理的実体は同じだが、情報を保持していないDNAはゲノムとは呼ばれない。ATGCをメチャクチャな順番で並べたものは依然としてDNAではあるが、なんらかの生命体を構成する情報を保持してはいないため、ゲノムとはもはや呼ばれない。以下では、あくまで生命体の設計情報を保持したDNAを考察の対象とするので、DNAという呼び方ではなくゲノム、と呼ぶことにする。

ゲノムはデジタルデータならではの多くの利点を持っている。最大の利点はノイズ耐性が強いことだろう。いまの若い人はスマホの高品質な無線通信に慣れているからあれが当たり前だと思っているかもしれないが、一昔前の携帯無線機の音声品質はひどいものだった。ノイズが入るのは当たり前、電波が弱くなって聞き取れないのも当たり前だった。だが、いまのスマホで、通話さえできれば、通話途中でブツブツ音が切れたり、ひどいノイズが入って聞き取れない、という経験はほぼないのではないかと思う。

アナログ通信では信号を「そのまま」送っていた。たとえば、音声の場合、マイクで拾った空気の振動としての音声の波形を、電波に乗せて送信し、受け取り側ではそれをそのまま増幅して再生していた。なんのことはない、電波を使った糸電話にすぎなかったわけだ。だが、糸電話の糸を伝わる振動と違い、この世界には電磁波が溢れている。送信された音声波形と一緒に、受け取り側は遠くで鳴った雷の余波とか、周囲の電磁機器が発する電磁波とか、地球の外からやってきた荷電粒子が空気に突入して気体分子をイオン化させたときに発する電磁波とか、およそありとあらゆる起源の電磁波をスピーカーで再生してしまう。これでは高品質の通信など望むべくもない。

デジタル通信はまったく異なった戦略を取る。まず、波形を数字に変換する。どんな波形も横軸を時間、縦軸を変位にしてプロットすれば数字の列で表現できる。次にこの数字を整数で近似する。十分桁が多い整数で近似すれば、どんな実数もそれなりの精度で表現できる（たとえば、人間の耳では区別できないくらい、とか)。最後にこの整数を二進数に直して、そこで初めてオン、オフのパターンを送る。なんのことはない、モールス信号である。デジタル通信はアナログ通信と違って、オンとオフの二通りしか送らない。モールス信号でトンとツーの区別がそれほど難しくないように、デジタル通信ではオンとオフの区別が不明になるほどのノイズが入らない限り、通信内容が変わったりはしない。だから、通信品質が高くなる。

さらに、デジタル通信では冗長性を許すことで誤った信号が送られたときの訂正を可能にすることができる。一番簡単な誤り訂正の方法は二度同じ信号を送ることだ。もし、一度目と二度目の通信内容が異なっていたら、ノイズが入ったとみなして再度信号を送る。たったこれだけでもデジタル通信の精度は飛躍的に向上する。我々が普段使っているスマホの音声が非常にクリアなのはこのようなデジタル通信の利点を最大限に活かしているからである。

実際、ゲノムは誤り訂正の機能でもそのデジタル性をちゃんと活用している。DNAは二重らせんといってポジとネガの関係にある相補的な配列、具体的にはAをT、GをC、に置き換えたDNAのペアでできている。同じ場所が偶然、同じ変化を起こすことは稀《まれ》なのでこれは重要な誤り訂正機能を構成している。

DNAの複写の仕組みはこんな感じだ。細胞分裂のときにはDNAをコピーして分裂後の細胞

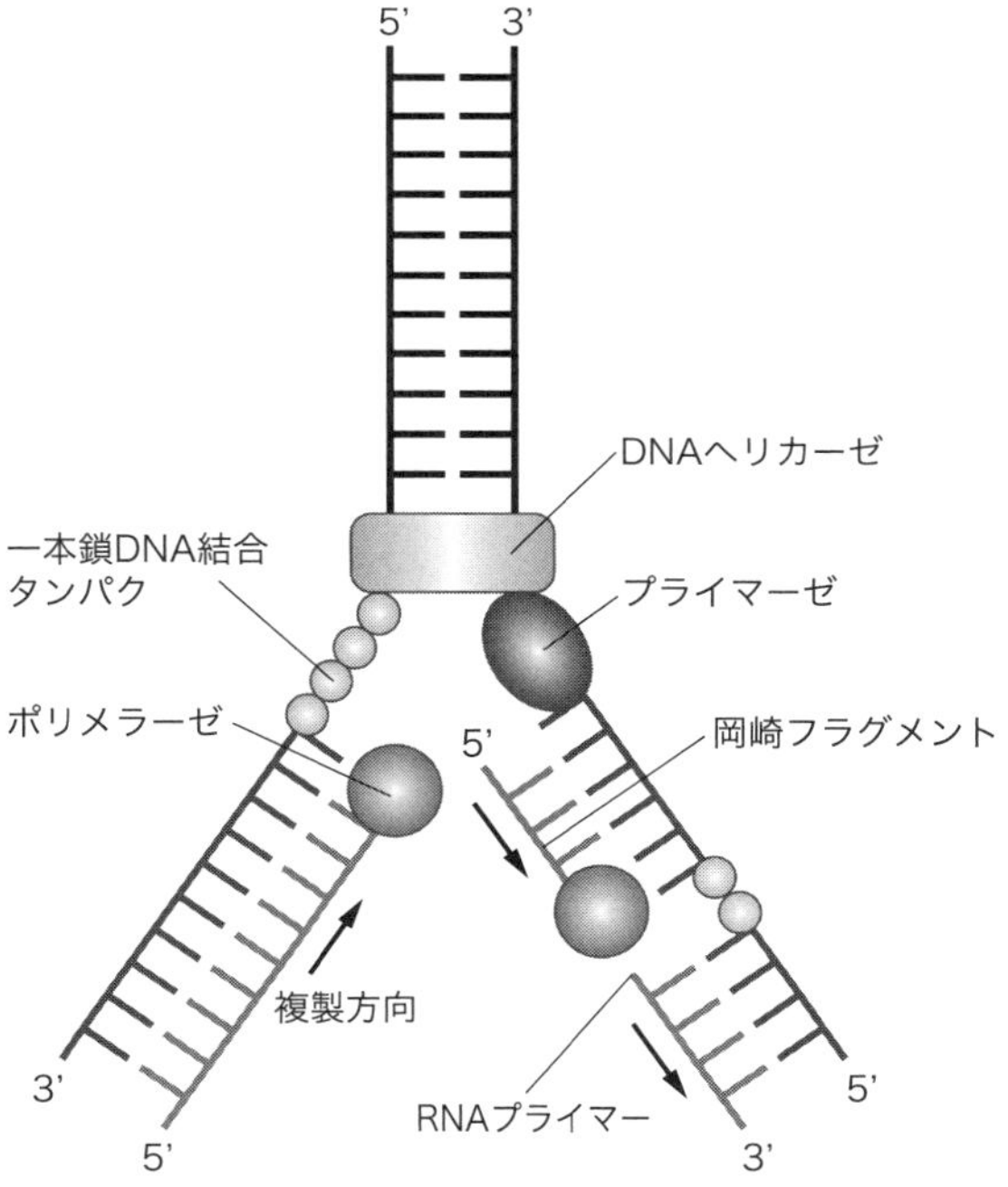

図1-3　DNAの情報を複製する仕組み
DNAは5'→3'の方向にしかコピーできない。このため、二本鎖のうち1本は必ず進行方向とは逆方向のコピーを何度も繰り返すことになる。これは岡崎フラグメントと呼ばれている。ポリメラーゼはDNAをコピーする機能を持つタンパクである。これに対して、ヘリカーゼとプライマーゼは、DNAをほどいて、岡崎フラグメントのコピーを開始させる機能を担っている。

に受け渡す必要が生じる。その場合、まず、二本鎖のDNAが分離して、一本鎖になる。それから、前述のように、AにはT、GにはC、が相対するように分子を並べてから、並べた分子を繋いで一本鎖にし、コピー元の一本鎖と合わせて二本鎖にする。

こうやって、一対の二本鎖を、二対の二本鎖に倍加してDNAの数を二倍にするわけだが、このプロセスは所詮は化学反応なので、ある割合でミスが生じる。つまり、Aの相手がT以外、Gの相手がC以外の場所が二本鎖にできてしまうわけだ。これが生じた場合、元のDNAの塩基配列を参照すれば、正しいDNA二本鎖を作り直すことができる。非常に単純化されているが、基本これはデジタル通信における誤り訂正機能に他ならない。

二本鎖はお互いがネガとポジの関係なのだから、情報量的には完全に冗長で、情報伝達という観点から見たら非常に無駄の大きいことをしている。DNAを二本鎖ではなく、一本鎖で設計しておけば、半分の資源で情報伝達できるのだから、その優位性はあまりにも自明である。だが、一本鎖にしてしまえば、この誤りを訂正するチャンスは失われてしまう。デジタル通信において効率を重視するか、正確性を重視して、冗長性の高い情報（この場合、一本鎖ではなく二本鎖であるということ）伝達を行うかは永遠の課題だが、生命は、正確性を重視して、きっちり「無駄な」二本鎖というアーキテクチャーを採用している。

こんなにいいところだらけのデジタル通信だが、人類がその恩恵をフルに享受できるようになったのはごく最近のことだ。いわゆる地上デジタルテレビ放送が日本の三大都市圏で開始されたのはようやく二〇〇三年の一二月、世界初のＣＤと言われる、当時の著名な指揮者だったカラヤン指揮のオーケストラ演奏がＣＤ化されたのはやっと一九八一年、デジタル録音だったＭＤ（ミニディスク）がようやく一九九〇年代、映像も取り込めるいわゆるブラウザが登場したのは一九九三年。すべてここ数十年の出来事だ。

往年の名作映画シリーズだった『ダイ・ハード』、主人公が孤立して悪役集団と戦うというのが初期のコンセプトだったこともあり、ポータブル通信機はストーリーに大きく絡んだ。孤立した主人公を他のキャラクターと関わらせるにはポータブル通信機を介するしか手がなかったからだ。一九八八年公開の第一作では、敵のトランシーバーを奪った主人公が、文字どおりそれで敵を翻弄する。デジタルかアナログかの正確な描写はなかったが、資金潤沢な悪役集団は高性能の装備を持ち込んだという設定だったから、彼らの持ち込んだトランシーバーもきっと高性能のデジタルトランシーバーだったのだろう。実際、屋上に上がった主人公はトランシーバーで警察の非常無線通信に割り込んでまだ外部には漏れていなかった人質事件を通報しようとする。そんな小さなトランシーバーで電波が届くのかと意外に思ったものだが、いま思えば、デジタル通信ならそれも可能だったろう。

わずか二年後に公開された続編の『ダイ・ハード2』では、トランシーバーがデジタル通信であることが明確に描かれている。なぜなら、主人公は今度は、奪取した敵トランシーバーを駆使して敵を翻弄することができなかったからだ。敵トランシーバーは、単にデジタル通信になっていただけではなく、暗号化されていて、パスワードを入力しないと音声を聞き取ることができなかった。音声を暗号化して送るなどということはデジタル通信でなくては不可能である。

長い歴史の中でもようやく最近になって人類が享受できるようになったデジタル情報処理を、生命は発生当初から享受していた。なぜ、そんなことができたかというと、化学反応でデジタル情報処理をするという仕組みを作り上げたからだ。

人間がデジタル情報処理を利用するのに手間取ったのはコンピュータの発明が遅れたためだ。初期の無線・有線通信では、人間は「正しく」（デジタル情報処理のノイズ耐性に注目して）モールス信号というデジタル通信を採用したが、受信したモールス信号を人間が可読なアルファベットに直すのに時間がかかり、音声が直接送れるようになるに従って、モールス信号は廃れた。情報を送る速度という点でモールス信号は劣っていたのだ。モールス信号のようなデジタル通信がアナログ（音声の波形をそのまま送る＝送受信信号の変換時間が不要）通信に打ち勝って覇権を取り戻すには、どうしてもこの音声・映像⇕デジタル信号の変換を人間が気にならないくらい高速に行う必要があり、そのためには高速の計算機の開発が不可欠だった。だが、いわゆる電卓でさえ発売されたのはようやく一九六〇年代であり、それでさえ最初は何十万円もした。とても気軽に音声・映像⇕デジタル信号の変換に使えるような代物ではなかった。

生命が人間に先駆けてデジタル情報処理を採用できたのは、これを化学反応という極めてアナログな仕組みで実現できたからだ。仮想的な電気信号でしかないデジタル通信と異なり、DNAは現実の物体を利用したデジタル情報処理である。ATGCの四種類の分子の並び順でデジタルデータを表現する。四つの分子を並べるのは分子の重合反応で事足りる。複製を容易にするためにDNAはAとT、GとCが向き合うとエネルギーが低くなる、という原理を持ち込んだ。エネルギーが低くなる、というとちょっと難しい感じがするが、簡単に言えば「引力」が働いているということだ。この引力の源泉はクーロン力。分子全体では電荷のバランスは取れていて電気的に中性だが、原子ごとにはバランスが崩れている。たとえば、水素原子はプラスの電荷を帯びやすいので水素原子のそばは正の電荷が集まっている。AとT、GとCはこのような場所の数が異なっていて、AとTは二つ、GとCは三つであるため、同じ数どうしがくっついたほうが収まりが良く、これがペアの選択性に繋がっている。

第二文字

第一文字	U	C	A	G	第三文字
U	UUU フェニル UUC アラニン UUA ロイシン UUG	UCU UCC セリン UCA UCG	UAU チロシン UAC UAA 停止コドン UAG 停止コドン	UGU システイン UGC UGA 停止コドン UGG トリプトファン	U C A G
C	CUU CUC ロイシン CUA CUG	CCU CCC プロリン CCA CCG	CAU ヒスチジン CAC CAA グルタミン CAG	CGU CGC アルギニン CGA CGG	U C A G
A	AUU AUC イソロイシン AUA AUG メチオニン 開始コドン	ACU ACC トレオニン ACA ACG	AAU アスパラギン AAC AAA リジン AAG	AGU セリン AGC AGA アルギニン AGG	U C A G
G	GUU GUC バリン GUA GUG	GCU GCC アラニン GCA GCG	GAU アスパラギン GAC 酸 GAA グルタミン GAG 酸	GGU GGC グリシン GGA GGG	U C A G

図1-4　コドン表（遺伝暗号表）

ATGCの３文字がアミノ酸１個に対応する（翻訳を開始・停止する開始・停止コドンを除く）。

このような選択性の結果、たとえば、ATGCという並びのそばに四種類の分子を配置させるとTACGという並びが「自動的に」作られる仕組みができあがった。DNAからRNAのコピーも同じ仕組みでAにはU、TにはA、GにはC、CにはGが相対することで、AUGCの四文字の羅列でDNAの一部をRNAに容易にコピーすることが可能になった。そして最後の、RNAからタンパクを作る過程では、二〇種類あるタンパクを構成するアミノ酸をたった四種類の分子（AUGC）で表現するために「塩基三文字でアミノ酸一個を表現する」というまさに人間がデジタル通信でやっていることそのものを実現した。コンピュータの中ではすべての文字が数字で表現されている。たとえ

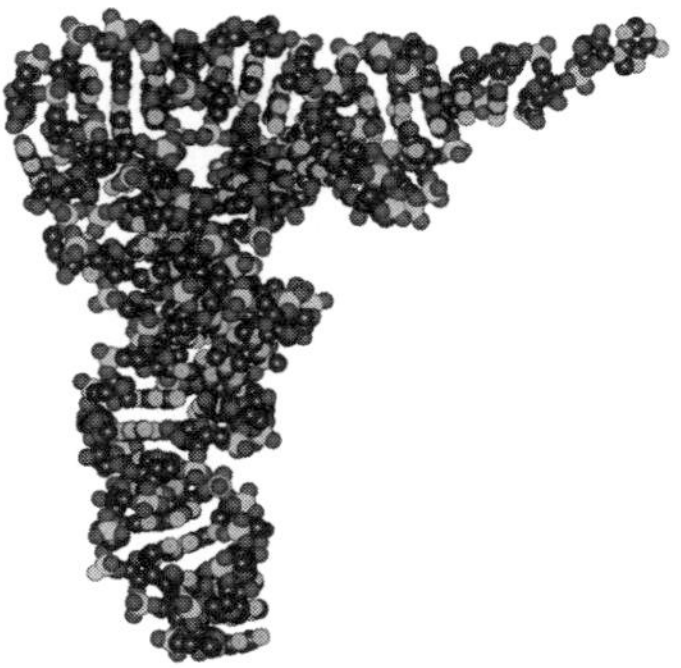

転移RNA
ブルーバックス『アメリカ版大学生物学の教科書　第２巻　分子遺伝学』より転載

ば、アルファベットのＰは50、Ｑは51というようにである。同じように生命は二〇種類のアミノ酸を三種類の塩基で表現する変換表を作り上げた（これをコドンと呼んでいる）。

ＲＮＡ「三文字」をアミノ酸一個に対応付けるデジタル処理系を実現するために、生命は一種のアダプター分子（転移ＲＮＡ）を生み出した。この分子の一方にはコドンとくっつく分子が、反対側には対応するアミノ酸とくっつく分子が配置されている。二〇種類のアミノ酸を片側に付けたアダプター分子は、ＲＮＡ配列上のコドンの順番どおりに並ぶことで、対応するアミノ酸をＲＮＡの配列が指示する順番に反対側に配列させる。あとは一列に並んだアミノ酸を重合させて長いタンパク分子を作るだけだが、このための化学反応を促進する分子も生命はちゃんと作り出した。

昔、コンピュータがまだ高価だったころ、この世にはアナログコンピュータというものが実在した。難しい数値計算をするのに、それをアナログ回路で実現して、答えを電圧や電流の値として読み取る。これはデジタル計算をアナログ計算で置き換えているわけだが、生命は逆にアナログ回路でデジタル計算をする回路を作ってしまったのだから、ある意味人間の上を行っている。

確かに、アナログな操作でデジタル情報処理をやってのけるのは素晴らしいが、人間が作ったデジタルコンピュータには足元にも及ばないでしょ、と思うかもしれない。さにあらず、最近はDNAコンピューティングという学問分野がしっかりできあがっている。これはデジタル情報処理系としてのDNAを利用してデジタルコンピューティングを行うという学問分野である。ここで詳しく触れる余裕はないのだが、計算機で扱うのが難しい問題の一つにNP完全問題というのがあるのだが、これをDNAを使って実際に解きました、という論文が書かれたのはなんと一九九四年、二六年も前のことなのである。ここまで読んできて読者の中にはなんだか強引に生命を計算機に結びつけようとしているんじゃないかと疑念に駆られた方もいるかもしれないが、決してこれは無理筋ではない。セントラルドグマを実現しているデジタル情報処理系は現実の計算機で扱うことができる問題を本当に解くことができる、本格的なデジタル情報処理系なのである。

本書ではこのようなデジタル情報処理系としてのゲノムの側面を強調する意味で、ゲノムをDIGIOME《ディジオーム》と名付けることを提案する。

1・4 コンピュータで挑む

三〇億塩基という膨大な長さ、デジタル情報との親和性、どちらを考えても、ゲノムはコンピュータで解析するのに適している。その関係が決定的になったのはヒトゲノムプロジェクト以降のことだ。ヒトゲノムプロジェクトは人間のゲノムのATGCの配列をとにもかくにも全部読んでしまおう、という国際的なプロジェクトである。二〇〇〇年にドラフト（概要）配列が公開された。だから、まさに、ゲノムとコンピュータの関係は二一世紀への突入と共に、新しい展開を迎えた。

だが、「とりあえず、ゲノムを全部読む」という、情報科学的にはあまりにも当然のこの方針はあまり受けが良くなかった。当時、ゲノムのほとんどは意味がないものと思われていた。一つ一つのタンパク質はたかだか数百個のアミノ酸が結合した高分子である。

たとえば、ヘモグロビンというタンパクがある。これは赤血球の中にあり、酸素を運ぶ重要なタンパクだが、たった百数十個のアミノ酸が繋がっただけのタンパクである。そして、ヒトのゲノムでタンパクになる場所の数はせいぜい一〇万ヵ所と思われていた（実際は、あとでわかったことだがもっとずっと少なくて、ヒトの場合二万ヵ所強のタンパクになる場所しか存在しない）。アミノ酸一個はDNA三塩基で表現されているので、タンパクを表現しているゲノム上の領域の長さは、たかだか三×一〇万×数百＝一億塩基であり、三〇億塩基というヒトのゲノムサイズに比べるとあまりにも数が少なく、それ以外のゲノムの大部分は無意味＝ジャンクDNAだと信じられていたからだ。当時、ゲノムの配列を読むには膨大な費用が必要で、ゲノムの全長を読む、などという研究は典型的な役に立たない基礎科学と思われていたのだ。たとえば、日本は一九八〇年代はヒトのゲノムを読むという研究では最先端を行っていたが、実際に国際的な枠組みでヒトのゲノムを全部読もうという気運が盛り上がったときには乗り遅れた。いつもながら基礎研究軽視の姿勢の結果だ。

実際にヒトゲノムプロジェクトが完遂され、ヒトゲノムの配列が公開されるといろいろ衝撃的な事実が明かされた。まず、一〇万ヵ所あると思われていた、タンパクに変換される場所の数はたったの二万ヵ所しかないことがわかった。セントラルドグマの支配下にある割合が当初の予想よりさらに低下した。

このタンパクになる場所＝遺伝子数の推定にはセントラルドグマがデジタル情報処理系だという性質が大いに利用された。DNAからRNAを経てタンパクに変換された場合、ちゃんと機能するタンパクであるためには「それらしさ」が必要だ。たとえば、我々が漢字とひらがなで書かれた日本文を読んだ場合、仮に内容がチンプンカンプンでも意味のある文章かどうかは案外わかる。ちゃんとした文章は漢字とひらがなが適度な割合で混在しているはずだし、適当な間隔で助詞（いわゆる、てにをは）が入っているはずだ。

「ヒストン修飾はクロマチンの構造に影響を与えることで遺伝子発現パターンを制御する」

という文章は、分子生物学に関する基本的な知識がない場合、何を言っているかまったくわからないだろうが、それでも、「本とはにくれ物取な、はころろ電木は、くれそたりぶるん」みたいな文章とは違って何かしら意味がありそうだとわかる。同じようにゲノムの長大なDNAの配列の中でも「ここはRNAを介してタンパクになってもおかしくないな」みたいな場所を探すことは可能だった。もちろん、この方法は完璧じゃなく、一見意味がありそうに見えても実はナンセンスな、

「アメリカは銀河系の中心部に存在する有名なバーガーショップの支店である」

みたいな文章の場合もあり得る。だから、いまでも、ヒトゲノムに正確に何個のタンパクに変換可能な遺伝子があるのかはわかっていない。

この「人間にはわからないデジタルデータの並び（DIGIOME《ディジイオーム》であればA、T、G、Cという四種類の塩基の並び、コンピュータであれば二値《バイナリ》パターン）から意味のある部分を検出する」という技術は、ちょっと違った形ではあるが、現実のコンピュータでも実装されている。コンピュータの場合、プログラムを作ったのは人間なのだから、わざわざ意味のわからない二値《バイナリ》パターンに変換されてしまったものを見なくてもいい。元のプログラムを見ればいいのだから、二値《バイナリ》パターンから意味を推定する、などというニーズは一見、無さそうに見える。

このようなニーズが発生するのは「使用者に使い方が通知されていなくて、かつ、使用者が作成者にアクセスできない」場合に限られる。そんなことあるのか、と思うかもしれないが、ある。それはコンピュータウイルスである。プログラムに密かに埋め込まれるウイルスの場合、使用者はそもそもウイルスの機能（例：コンピュータの中の情報を抜き出して盗み出す）を知らない。また、ウイルスの製作者にアクセスもできない。そもそも、アクセスできたとしてもウイルスの機能について説明してくれるウイルス製作者なんかいないだろう。

いわゆるアンチウイルスソフトは、二値ファイルになってしまって機能がわからなくなってしまった状態で、ウイルスらしい二値パターンを検索することでウイルスが隠れているかどうかを調べている。ソフトの性質上、アンチウイルスソフトの詳しい動作原理は非公開（公開したら、ウイルス製作者に付け入る隙を与えるだけである）だが、たぶん、ゲノムの中でタンパクをコードしている領域を探すようなパターンマッチングと同じ技術が使われているだろう。「タンパクらしさ」を表現する塩基配列の並びを探す代わりに「ウイルスらしさ」を表現する二値パターンを探すのである。こんなところにもＤＩＧＩＯＭＥのＤＩＧＩＯＭＥたる所以《ゆえん》、現実のコンピュータとの共通性が隠れている。

この本では、このようなヒトゲノムプロジェクト完遂以降のゲノム科学の発展をＤＩＧＩＯＭＥの立場から説明することを目指す。それはきっと、スマホのようなコンピュータ機器にどっぷりとつかり、ますますその影響が大きくなろうとしている日本人にとっては親しみやすい内容になると信じている。

第2章

RNAのすべて《トランスクリプトーム》

タンパク質にならない核酸分子のミステリー

2・1 ジャンクじゃなかったジャンクDNA

ヒトゲノムプロジェクトがあげた当初の想定外の成果は、なんと言ってもジャンクDNAがジャンクなどではないことの発見だろう。セントラルドグマによれば、意味があるゲノムの部分はタンパクに変換される部分だけで、その部分はどう計算してもゲノムのごく一部分しか該当しなかった。しかも、当初は一〇万ヵ所はあると思われていたタンパクに翻訳されるゲノムの部分はたった二万ヵ所強しかないことがわかってしまった。見た目は、むしろジャンクDNAが増えてしまったように見えた。

しかし、ほどなく、この解釈は誤りだということがわかった。ゲノムの大部分がRNAにコピーされていることがわかったのだ。これはゲノムの配列を全部読む、という偉業なしには絶対に達成できなかった成果だ。すでにRNAの配列を読む技術はあった。だが、ゲノムの配列がわからなくてはそのRNAがどこから来たのかわかりようがない。ヒトゲノムプロジェクトでゲノムの配列がわかったからこそ、個々のRNAがゲノムのどこから来たコピーなのか初めて判断できるようになった。正確にどの程度の割合のゲノムがRNAに変換されているのかわかってはいないが、七〇％とか、八〇％とか、要するに大部分のゲノムの配列はＲＮＡに変換されていた。

あまり知られていないことだが、コンピュータのメモリー空間にはプログラムとデータがシームレスに置かれている。というか、メモリーの好きな部分を、あるときはプログラムに、またあるときはデータの保存に使える、というフレキシビリティがコンピュータの万能性を担保している。みなさんが普段使っているスマホにもその機能はしっかり受け継がれている。本体メモリー、いわゆるＲＯＭと呼ばれている領域にはアプリを入れることもデータ（音楽や映像）を入れることもできる。データとアプリのために、どのような割合でＲＯＭを使用するかは使い手の自由だ。いや、同じメモリーでも、ＳＤカードにはデータしか入れられないじゃないか、という人もいるかもしれない。しかし、初期のアンドロイド端末では、ＳＤカードにアプリをインストールすることができた。そして、いまでもアマゾンのタブレット端末、キンドルファイアでは、ＳＤカードにアプリをインストールすることが許されている。データの保存とプログラムをシームレスにメモリーに保存できることはコンピュータの本質なのだ。

これはアラン・チューリングが考えたチューリングマシンの本質でもある。チューリングは二〇一四年公開の映画『イミテーション・ゲーム』でその半生が描かれたので、名前を聞いたことがある人もいるかもしれない。映画では主に、ドイツ軍の暗号機、エニグマにコンピュータを駆使して挑むエピソードが描かれたが、本来は天才的な数学者であり、特に、後に計算機の基礎になる研究をしたことで有名だ。二〇一八年に、AIブームを巻き起こしたディープラーニング（深層学習）の考案者が受賞して話題になったチューリング賞は、このチューリングに由来がある、と言えば、チューリングの業績が後世、どんなふうに評価されたか、想像に難くはないだろう。

実際、フォートランやCのような初期の高級プログラミング言語は「意図しない位置にデータを書き込んでしまいプログラムを破壊してしまう（たとえば、一〇〇までしか長さがないと定義した配列の一〇一番目の番地に数字を書き込んでしまうとか）」ことを（プロなんだからそんな馬鹿なミスはしないよね、という前提のもとに）明示的には禁じていなかった。そのようなチェックを毎回するとプログラムの実行が遅くなってしまうからだ。このようなプログラムは一見、ちゃんと動いているように見えるから、始末が悪い。僕自身、プログラミングを始めた卒業研究のときにこの手のバグにハマってしまい、一日棒に振ってしまったものだ。

チューリングは、チューリングマシンという名の仮想的なコンピュータを考案したことで有名だ。このチューリングマシンは、一次元の無限に長いテープと、テープの情報を読み、また、テープに書き込みができる、テープの上を自由に移動できるヘッドだけから構成されている。たった、これだけの装置なのだが、それでも、現代の計算機ができることは全部、この単純なチューリングマシンで実現できることが知られている。

チューリングマシンは、たった一本しか持っていない、テープの上にデータとプログラムを両方、書くことに必然的になる。だから、プログラムを書く領域と、データを書く領域が混在していても、コンピュータとして動作することにはなんの問題もないことは昔から知られていた。たった四種類の文字からなる一次元の文字列であるゲノムが、生命体の複雑な構造をすべて記述できるのは驚きかもしれないが、現実には「有限種類の記号からなる無限に長い文字列とそれを読み書きするヘッド」だけで、現代のコンピュータで実現できることは全部実現できる。

奇《く》しくも、生命はこれと同じ戦略を取っていたことになる。DNAは一方でデータを保存する静的な媒体でありながら、一方で、RNAに変換されることで機能を持ったプログラム部分も保持している。まさに、データとプログラムがシームレスに混在した構造を取っていることが明らかになった。基本的なアーキテクチャーという意味でもゲノムはまさにDIGIOME《ディジィオーム》だったことが明らかになったわけだ。

ゲノムの塩基配列が読めたのだから生命が理解できたと誤解している人も多いのだが、実際にはいまできていることはチューリングマシンで言うところの記号が書かれたテープが読み取れたにすぎない。どの部分がデータで、どの部分がプログラムなのかさえ、よくわからない状態なのである。ある意味、いまのゲノム科学の焦点はこの「文字列は読めたけど意味がまったくわからないＤＩＧＩＯＭＥの意味をチューリングマシン的な意味で理解すること」と言ってしまっても過言でないだろう。

2・2 SNP＝バグ

人間が書くプログラムというものは些細《ささい》な間違いでも動かなくなってしまう。命令の綴りを一ヵ所間違っただけでそもそも実行できなくなってしまうこともある。それは最も単純なコンピュータであるチューリングマシンでも同じことだ。人間が作るプログラムはともかく些細な間違いに弱い。これを伝統的にはバグ＝虫、と呼ぶのだが、些細なバグがシステム全体の崩壊に繋がってしまうことがよくある。最近、とある大手通信キャリアが半日にも及ぶ通話停止を引き起こしたが、これも元は些細なバグが原因だった。ちょっと前になるが、複数の大手銀行が合併してできたメガバンクでＡＴＭが数日間にわたって使用不能になったことがあった。こんな大規模な、あってはならないような不調が起きるのは、人間が作るプログラムが「きっちり」しているからだ。

きっちりしている、とはどういうことか？　たとえば、自動販売機で飲み物を買うとき、一〇〇回に一回くらいお金を入れてもうんともすんとも言わなくてお金を取られっぱなしになったり、お釣りがたまに増えたり減ったりしたらみな怒るだろう（お釣りが増えるほうはひょっとしたら感謝されるかもしれないが）。いつもちゃんと動作することが保証されていることと引き換えに、ちょっとした間違いでもプログラムは動かなくなってしまう。すべてが一〇〇％ちゃんと動作すると期待されていると、何かが少し異常を来しただけでシステムそのものが停止してしまう。こんなふうに間違いがなくきっちり動くが些細なミスには弱いシステムは英語でフラジャイルと呼ばれている。あえて日本語で訳すなら、脆弱《ぜいじゃく》というところだろうが（たとえば、儚い希望というときの「儚い」に使われる）、フラジャイルはただ弱いだけではなく、ちゃんと動けば完璧という意味も込められている。

フラジャイルはもともと、ガラスや陶器のように、硬いけど割れやすいものを表現するのに使われていた形容詞だった。あまり知られていないが、ガラスは硬さという点では鉄を凌ぐ。にもかかわらず、ガラスが鉄より硬いという印象がないのは、ガラスは割れやすいからだ。硬いがしなることができないので、限界以上の負荷がかかると簡単に壊れてしまう。これに対して、鋼鉄は変形できるので強いストレスがかかっても変形して耐えることができる。

実のところ、フラジャイルなシステムは生命には向かない。DIGIOMEはそんなふうにはできていない。まず、塩基三文字でタンパクをコードするコドンは塩基が一文字間違ったところで別のアミノ酸に変わるだけである。数百から数千のアミノ酸でできているタンパクはアミノ酸が一個置き換わったくらいで機能停止するのは稀だ。ゲノム・デジタル情報処理系が採用しているのはあくまで化学反応なので、一文字間違ったくらいでシステムが止まったりはしない。こういう多少のミスには耐えるシステムをロバストと呼んでいる。ロバストをあえて日本語に訳せば、頑強、だろう。

ただ、ポジティブな意味しか込められていない日本語の頑強とは異なり、ロバストにはいい加減さという意味もある。必ずしも正確には動かない、ということだ。ときどき、お金を入れても気づかなかったり、お釣りを間違ってしまう自販機は、その意味ではロバストなわけだ。DIGIOMEはロバストである。多少の間違いでは機能停止しないが、いつも正確に同じことを繰り返すかというとたまには間違う。

このちょっとした間違いが起きても動く、という性質は生命体の場合、非常に重要だが（なぜなら、生命体の場合、システムの停止は死を意味するので取り返しがつかない）、一方で、バグ取りを難しくしている。ATMのシステムが止まってしまうのは困りものだが、フラジャイルなシステムのおかげで原因の追求は比較的容易だ。フラジャイルなシステムでは、同じ間違いが起きれば確実に同じことが起きてシステムが停止するからだ。巨大なシステムの場合、どんな些細な不調がシステム全体を止めてしまったのかトレースするのは大変だろうが、丹念に調べていけば、必ず不調の原因はわかる。再現性があるからだ。

だが、生命体のようなロバストなシステムはそうはいかない。同じ間違いが起きても、必ずしも不調がいつも生じるとは限らない。あるときは不調が起きるが、あるときは起きない。ロバストなシステムは容易に停止しない代わりに、問題点を洗い出すのが難しい。実のところ、人類はＤＩＧＩＯＭＥのバグ取りにかなり困難を覚えている。

ほとんどすべての細胞は細胞分裂のときにゲノムの全長の複製を作って、分裂した細胞に受け渡す。だが、この複製も化学反応という不確実なシステムを介して行われるため、必ず複製ミスが生じる。それは親が子にゲノムを引き継ぐときも同じだ。そのせいで、すべての人間のゲノムはなんらかの変異を抱えている。一番、頻度が多いのは一塩基多型（ＳＮＰ）という塩基が一つだけポツンと孤立して変異した場合だ。ＳＮＰといえども、バグには違いない。だが、人間はまだゲノムという名の情報処理機器を理解していないからＳＮＰがどんな異常をもたらすのか皆目わからない。そして、ロバスト性のおかげで多少のバグがあっても生命体は動き続ける。もし、

SNPが生じてすぐ生命体が機能停止するならゲノムのバグ取りは簡単だろう。だが、実際にはゲノム全体に非常に多数のSNPが生じても生命体は問題なく動く。

この「非常に多数のSNPが生じても生命体は問題なく動く」という事態は研究上、いろいろな問題を起こす。たとえば、疾患の中には遺伝病と呼ばれるものがある。親から子へと引き継がれる病だ。親がその疾患を発症したときに限って子供もその病気を発症するとなれば、それが遺伝、すなわち、ゲノムの不調のおかげで起きているのは明らかだ。だが、じゃあ、疾患家系のゲノムと健常者のゲノムを比較したらすぐどのSNPが原因で病気になっているかわかるかというと、前述のロバスト性のおかげで困難を極める。健常者と患者の間にあるSNPの違いは無数にある。そのほとんどは生命体のロバスト性のおかげで、目に見えた害をもたらさない。その結果、誰が病気で誰が健康かがわかり、ゲノムも調べられるのに、どのSNPのせいで病気になっているのか皆目見当がつかない、という厄介な状況が出現する。これが起きているのは人間が作るフラジャイルなデジタル情報処理系と対照的に、DIGIOMEはロバストなデジタル情報処理系だからだ。

さらにこのバグは進化にも関わった。ほとんどのバグは役に立たない。それどころか、フラジャイルなシステムの場合、致命的なことさえある。だが、ロバストなシステムは、このバグさえも許容して非常に稀に起きる「役に立つバグ」の出現を待つことを許す。単純な単細胞生物に始まったはずの生命が、いま地球上で目にしている多彩な多細胞生物にまで進化するには、このSNPという名のバグが必要だったのだ。DIGIOMEというロバストなシステムの存在は進化にも必要だったという意味では、生命体にとってまさに本質的な存在だったと言えるだろう。

2・3 AI=機械学習

そもそも、コンピュータというものはプログラムどおり動くのが当たり前、バグがあったら停止するのが当然で、いくら記号の羅列という共通性があるといっても、ちゃんと動いたり動かなかったりするゲノムをデジタル情報処理系になぞらえるのは、いくらなんでも牽強付会が過ぎる、と思われる向きもあるかもしれない。しかし、現実のコンピュータの世界のほうで、コンピュータはプログラミングされたとおり一〇〇%間違いなく動くべき、という肝心要の常識のほうが実は変わりつつある。そう、いわゆるAIブームである。

世間ではAIという呼び方が人口に膾炙してはいるが、実際にいまAIだとして持て囃《はや》されているものは、現実には機械学習というAIのごく一分野にすぎない代物である。AI=機械学習について詳述する紙面の余裕はないし、このAIブームを受けて解説本は巷《ちまた》に溢れているので屋上屋を架すようなことをするつもりはないが、本書のテーマと関係する観点からごく簡単にAI＝機械学習について触れておこう。

従来のプログラミングでは人間がコンピュータが何をするかをきちっと決めていた。飲料自販機の例で言えば、お金が投入されたら、コインの種類を判別し、合計金額を表示、その金額で購入可能な商品の購入ボタンのランプを点灯。ボタンが押されたら、商品を送り出すと同時にお釣りの額を表示、お釣りを返して終了という具合である。このような動作のコンピュータはノイマン型と呼ばれ、手順が決まっていて一つ一つが順番に実行され、一見どんなに複雑なように見えても、この手順を逸脱して動くことは決してない。我々が普段使っているスマホやコンピュータもいろいろなこと、たとえば、文字を提示する、カーソルを動かす、音や映像を表示する、を同時にやっているように見えるが、それは単にとてつもない速度で順番にやっているため、人間には同時にやっているように感じられるだけのことだ。

だが、AI＝機械学習の動作原理はこれとはまったく異なる。人間がAI＝機械学習に指示するのは、漠然とした目標とデータだけだ。たとえば、多数の顔写真とどの写真が誰のものかという情報を与え、「どの写真が誰のものか判断できるようになれ」と命令するだけ。するとAI＝

機械学習は写真を見て勝手に学習し、どの写真が誰のものかを学習する。すると、新しい顔写真でもたちどころに誰の写真か判断できるようになる。

この技術はすでに実用に供されている。たとえば、東京国際空港（いわゆる羽田空港）や新東京国際空港（いわゆる成田空港）にはすでに顔認証ゲートが導入されており、日本国籍保持者の出入国に限っては顔認証ゲートによる「顔パス」での通過が許されている。

このＡＩ＝機械学習の動作原理はいままでのプログラミングとは全然違う。まず、人間はＡＩ＝機械学習がどうやって顔写真と人名を結びつけているかまったくわからない。それはＡＩ＝機械学習が勝手にやっていることで、人間のあずかり知らないことだ。また、ちゃんと動いていれば一〇〇％の正確な動作が保証される通常のプログラムと違い、ＡＩ＝機械学習の動作精度は一〇〇％の保証はできない。他人のパスポートを持ち、変装したスパイがＡＩによる監視システムをくぐり抜けて、「顔パス」で絶対入国しないとは言えないのだ。どうやって顔認証しているのかわからないのだから当然だろう。ただ、その可能性はごく少なくなるまで学習させているし、人間だったら変装して他人になりすまして入国を図るスパイを一〇〇％排除できるかというとそれだって怪しいものだから顔認証ゲートが導入されたにすぎない。

また、別の問題点として、ＡＩが仮に間違いを犯したとしても、人間には直しようがないということだ。これもどうやって顔を区別しているのか人間にはわからないのだから当然だ。こんなことを書くととてもいい加減なシステムを導入しているように思えるかもしれないが、そもそも、人間だって「この写真を◯◯さんだと思う理由を言葉で説明しろ」と言われたら困るだろう。強制されれば、メガネをかけているとか、髭《ひげ》を生やしているとか言うだろうけど、どんなに特徴を並べ立てたところでその特徴をすべてみたす、しかし、当該人物ではない写真は必ず存在するだろう。同様に、人違いをしてしまったとき、なんで間違ったのかと説明を要求されても困るだろう。なぜその人だとわかったかと問われれば、それはそうわかったからとしか答えようがないし、なぜ人違いをしたかと問われれば、それはその人に見えたからとしか言いようがない。なんのことはない、人間だってＡＩ＝機械学習と比べて大して信用がおけるようなものではないのだ。

昔、アイザック・アシモフというＳＦ作家がいて、いわゆるロボットもののＳＦをたくさんものした。特に、彼はロボットが絡む刑事もの（いわゆるミステリ）が得意だった（実際、ＳＦ作家として、また、同時にサイエンスライターとして、あまりにも高名なため埋もれてしまっているが、アシモフには『黒後家蜘蛛の会』シリーズというれっきとしたミステリの連作があり、これだけで十二分に一流作家とされるだけの出来栄えである）。設定の都合上、彼が空想したロボットの頭脳、ポジトロン頭脳は、作った人間にも動作原理が不明なものとされた。ロボットだけが殺人の目撃者、という刑事ものを書くのに、ロボットの頭を開けたら現場で何が起きたか丸見え、というのでは物語が成立しないからだ。そのときは、作った人間に動作原理がわからないコンピュータなんて、なんてご都合主義的なんだ、と訝ったものだが、実際にＡＩ＝機械学習ができあがってみれば、そのとおりなのだからアシモフの慧眼には脱帽するしかない。

この、ちゃんとプログラミングされていないからミスがゼロではないが、人間が想定できない状況にも対応できるというＡＩ＝機械学習の特質は従来のプログラムを軸にしたコンピュータとはまったく異なる。たとえば、最近話題の自動運転を例に取ろう。人間がきちんとプログラムするノイマン型の計算機でこれを実行しようとすると、あり得るすべての状況を人間が想定する必要がある。この困難のために、自動運転はなかなか実現しなかった。これはフレーム問題といって広義のコンピュータにおける難問の一種である。

だが、ＡＩ＝機械学習はそもそも、人間がプログラミングしていないので、一〇〇％の精度での動作が保証できない代わりに、人間が想定しない状況にも対応できる（これを汎化という）。このＡＩ＝機械学習の進歩なくして、自動運転が現実に実装可能な技術として脚光を浴びることはなかっただろう。

ＤＩＧＩＯＭＥは、このＡＩ＝機械学習と同じような特質を持っている。いつも正確に同じことを繰り返すことができないのと引き換えに想定外の事態にも対応が期待できる。生命体が接する環境はどのように変化するかわからず、フラジャイルなシステムでは対応できない。その意味では現実への対応において、ロバストなＡＩ＝機械学習と同じような戦略を生命体が採用したのは偶然ではないだろう。もっとも生命体の学習時間は何十億年もあって桁が違うわけだが。

生命はロバストで人工物がフラジャイルなことを我々は当たり前のように捉えてきたが、「機能する」という意味ではどちらも同じもののはずだ。なぜ、人間が作るものはフラジャイルなものが多く、生命体はロバストなシステムを好むのか、ＡＩ＝機械学習の登場でロバストな人工物が巷に溢れる未来を迎えるのが確実な現代、そのことはもうちょっと真剣に議論されてもバチは当たらない気がするのだが。

2・4 RNAの機能

ジャンクＤＮＡと思われていたＤＮＡの大部分が実はＲＮＡにコピーされていることがヒトゲノムプロジェクトの完遂で明らかになった。だが、セントラルドグマではＤＮＡをＲＮＡにコピ

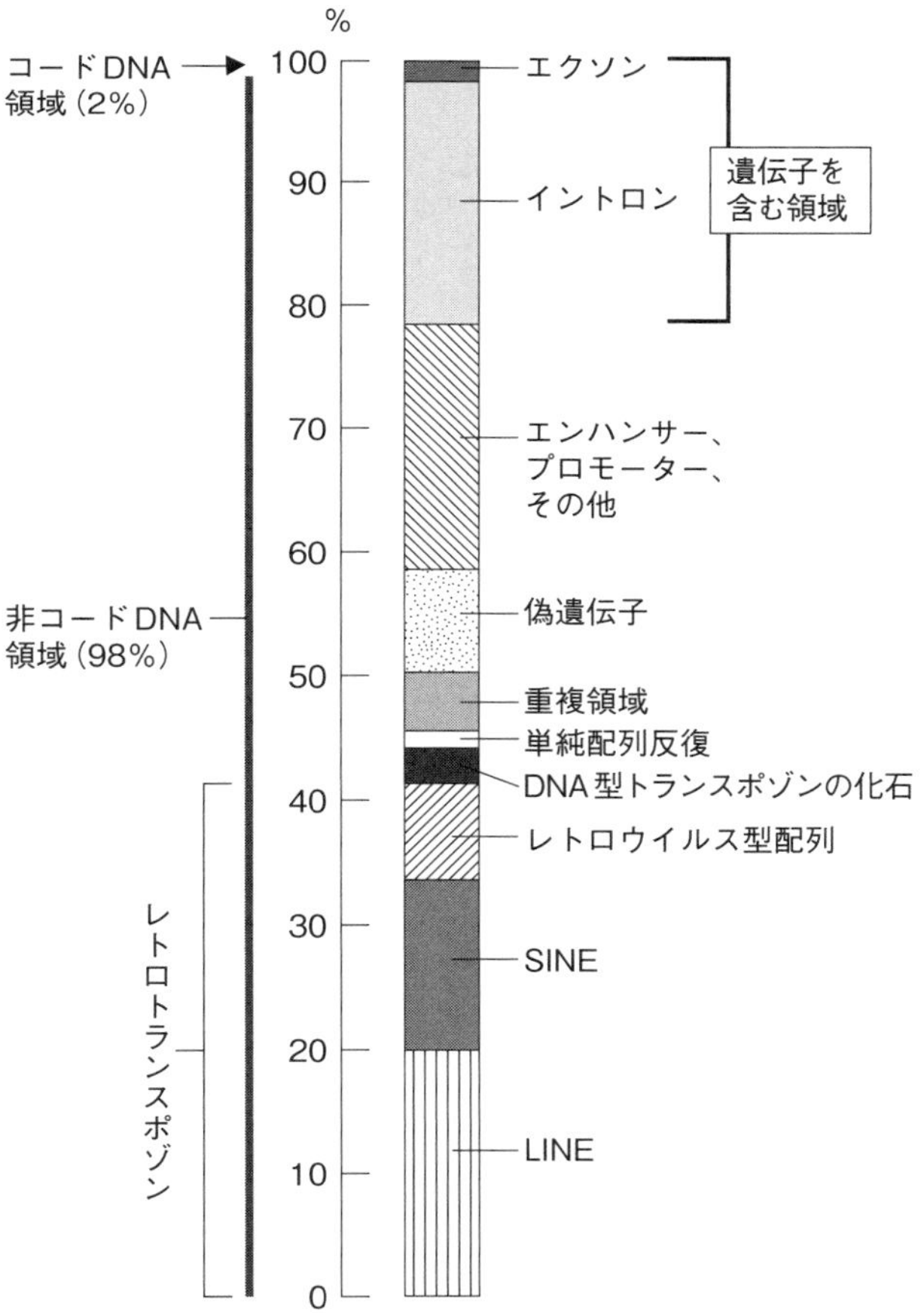

図2-1　タンパクをコードする情報は、全ゲノムのわずか2%にすぎなかった

いわゆるタンパク質になる部分はエクソンと呼ばれる領域だけである。「遺伝子を含む領域」と書かれているのがタンパクのもとになるRNAに変換される部分。残りはいろいろな名前がついてはいるが、セントラルドグマの「外」にある。　ブルーバックス『DNAの98%は謎』より転載ーする目的はRNAからタンパクを作るための中間体の作製だった。一方で、タンパクになる情報をコードしているDNAの部分はヒトゲノムプロジェクトの結果、むしろ想定以上に少ないことがわかった。それでは一体全体、RNAにコピーされた、しかし、最終的にはタンパクになるわけでもないDNAの大部分は何をしているのか？　常に生存競争にさらされている生命が、伊《だ》達《て》や酔狂でこれだけの膨大なRNAを作り出すとは考えられない。必ずやなんらかの機能を果たしているはずだ。それはいったい何なのか？　これがヒトゲノムプロジェクト以後（ポストゲノム時代《エラ》）の喫緊の課題になった。

　これはなかなか厄介な問題だった。後述するように、それ自身が物質として多様な機能を発揮できるタンパクと異なり、たった四種類の塩基、AUGCからできているRNAはそれ自身で機能を発揮することは稀である。ほとんどの場合何か（たいていはタンパク）と結合しなくてはなんの機能を発揮することも叶わない。RNA自身を取り出していくら研究しても何もわからないのだ。その意味で、タンパクにならない《ノンコーディング》RNAは塩基の配列自身に意味がある（あるいは、配列に「しか」意味がない、と言うべきか）、DIGIOMEの典型たるものだ。

　とはいうものの、ヒトゲノムプロジェクト以前にタンパクにならない《ノンコーディング》RNAがまったく知られていなかったかというとそんなこともない。RNAをタンパクに変換するタンパクであるリボゾームにはリボゾームRNAという、タンパクにならない《ノンコーディング》RNAの一種が結合していたし（RNAの配列を読まないとタンパクに変換できないのだからRNAを読むためにRNAを使うというのは自然な帰結だ）、セントラルドグマのところで説明した、RNAの塩基配列どおりにアミノ酸を並べるためのアダプター分子は実はやはり転移RNAというタンパクにならない《ノンコーディング》RNAの一種だった。ここではそんなポストゲノム時代以前から存在が知られていたタンパクにならない《ノンコーディング》RNAの一例としてマイクロRNA（miRNA）を取り上げよう。

2・5　マイクロRNA

DIGIOMEを考える場合、いの一番にマイクロRNAを考えるのにはいろいろな理由がある。まず、マイクロRNAはたったの二一～二五塩基しかない短いRNAである。RNAは、たった四種類の塩基から構成されているとはいっても、それなりに長くなればなんらかの機能を発揮することもある。たとえば、コドンとアミノ酸を対応付けるアダプター分子である転移RNAは、タンパクにならない《ノンコーディング》RNAでありながら、ちゃんと独立した機能分子として実在していた。転移RNAの長さはだいたい七三～九三塩基とされており、六四種類のコドンと二〇種類のアミ

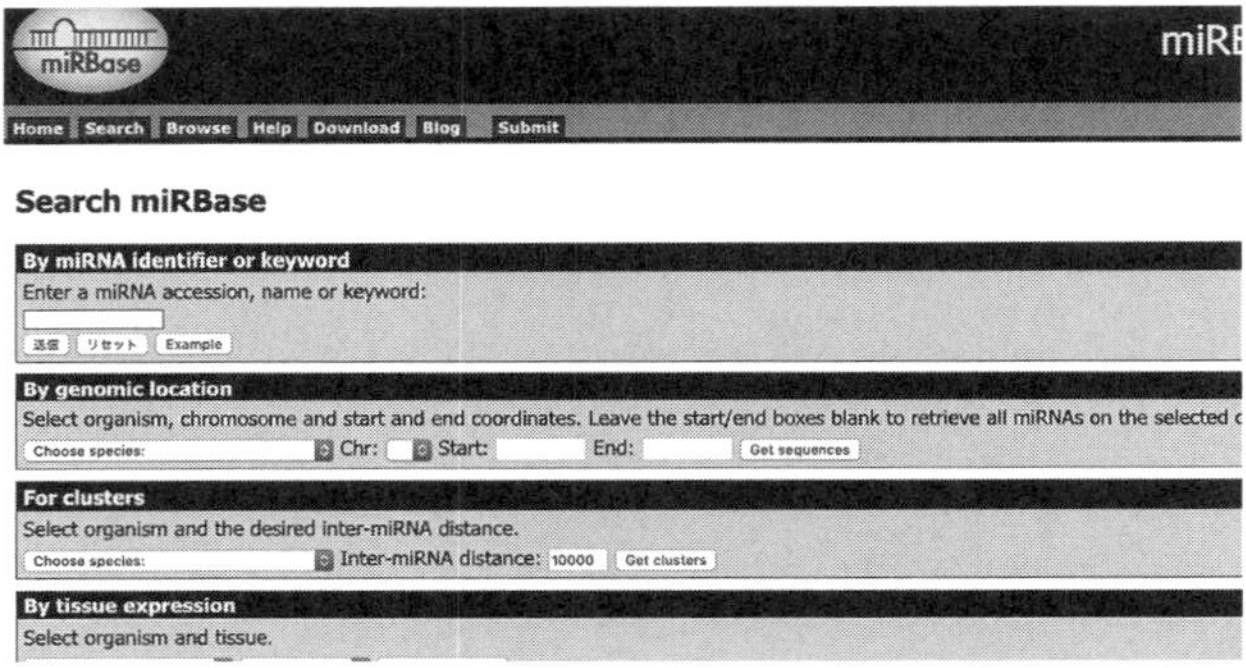

マイクロRNAの情報が登録されているmiRBaseは様々なインデックスから、該当するマイクロRNAを絞り込むことができる。

ノ酸を繋ぐ必要から三〇～四〇種類くらいで一セットである（一種類の転移RNAで複数個のコドンに対応できるのでコドンの種類数より転移RNAの数は一般に少なめだ）。だが、さすがに長さが二一～二五塩基しかないとなると、それだけで機能を発揮できるとはなかなか考えにくい。他の分子（たぶん、ほとんどはタンパク）を巻き込まないと何もできないはずだ。マイクロRNAが担っているのは純粋に情報である可能性が高い。となると、デジタル情報処理系のパーツとしてこれ以上に最適の考察対象はないだろう。

また、マイクロRNAは非常に広範な種に普遍的《ユニバーサル》に存在していることが知られている。マイクロRNAのメジャーな登録サイトであるmiRBaseには二七一種もの生物についてのマイクロRNAが登録されており、その内容も、原核生物、藻類、海綿、ホコリカビ、光合成

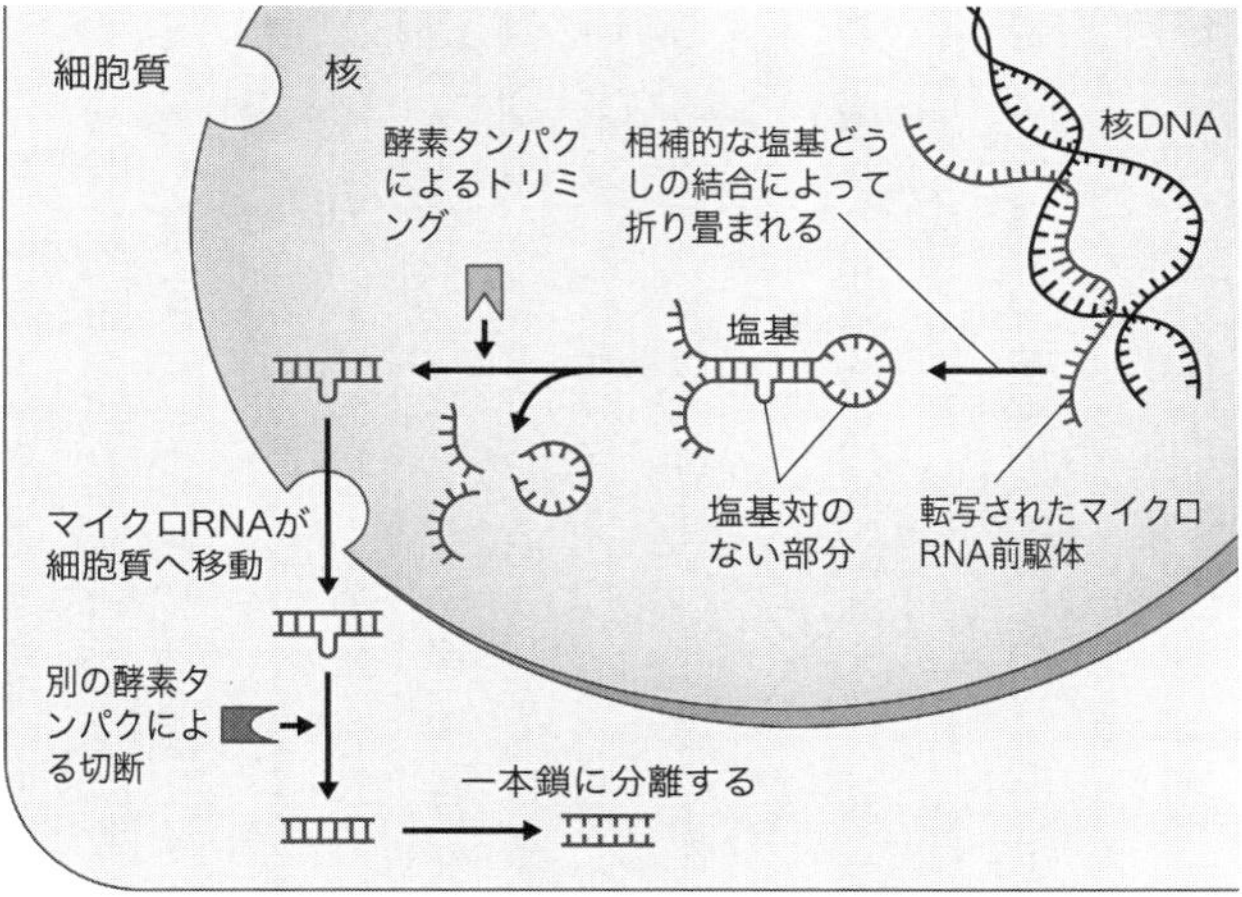

図2-2　マイクロRNAが形成される仕組み
マイクロRNAは、DNAから転写されたマイクロRNAの前駆体が自らの持つ相補的な結合によって形成されるヘアピン型の二重鎖が分離されることによって形成される。　ブルーバックス『植物たちの戦争』の図を改変、転載

植物、ウイルスと多岐にわたっている（もちろん、ヒト、マウス、魚などの我々に近い生物が重点的に収録されているのは間違いない）。その意味で生命一般の議論として最適だ。また、種類数が多いのも重要である。たとえばヒトでは二六五四種類のマイクロRNAが登録されており、個々のマイクロRNAはたいていの場合、自分自身が自分自身と構成するヘアピン型の二重鎖が二分されてできるために、二種の有効なエレメントを作るので、合計四〇〇〇種類以上のマイクロRNAがヒトには存在することになる。

　このマイクロRNAは何をしているのか？　僕自身、一応、マイクロRNAについて学術論文誌の特集号の編集委員を務める程度には専門家の端くれではあるのだが、正直言ってマイクロRNAが何をしているのかの全貌はまだ完全にはわかっていない。ただ、かなり確実に言えることはマイクロRNAはRNAに（ひょっとしたらDNAにも）結合することでなんらかの影響を結合相手に与えており、その結合に相補配列を使っているということである。

相補配列、とは何か？　前に、DNAのATGCはRNAのUACGにコピーされている、と述べた。実は、この実現のために、ゲノムはAとT（RNAではU）、CとGがくっつくという性質を利用している。DIGIOMEは化学反応を用いたデジタル情報処理系を実現していると書いたが、これもその一つである。マイクロRNAがRNAに結合する場合にもこれを利用している。マイクロRNAはくっつく相手（標的RNA）を配列の相補性で決めている。わずか二二塩基程度しか長さがないマイクロRNAだが、その端っこの八塩基がシード領域と呼ばれていて、その八塩基と相補的な塩基配列を持つRNAにマイクロRNAは結合する。たとえば、hsa-let-7b-5pという名前のヒトのマイクロRNAはUGAGGUAGUAGGUUGUGUGGUUという塩基配列を持っているが、左端の[UGAGGUA]Gという八塩基がシード領域で、相補配列を認識する部分になっている。ここでシードとはSEED、つまり、種という意味の英単語から来ている（が、種ということばに殊更深い意味があるとは思われない）。

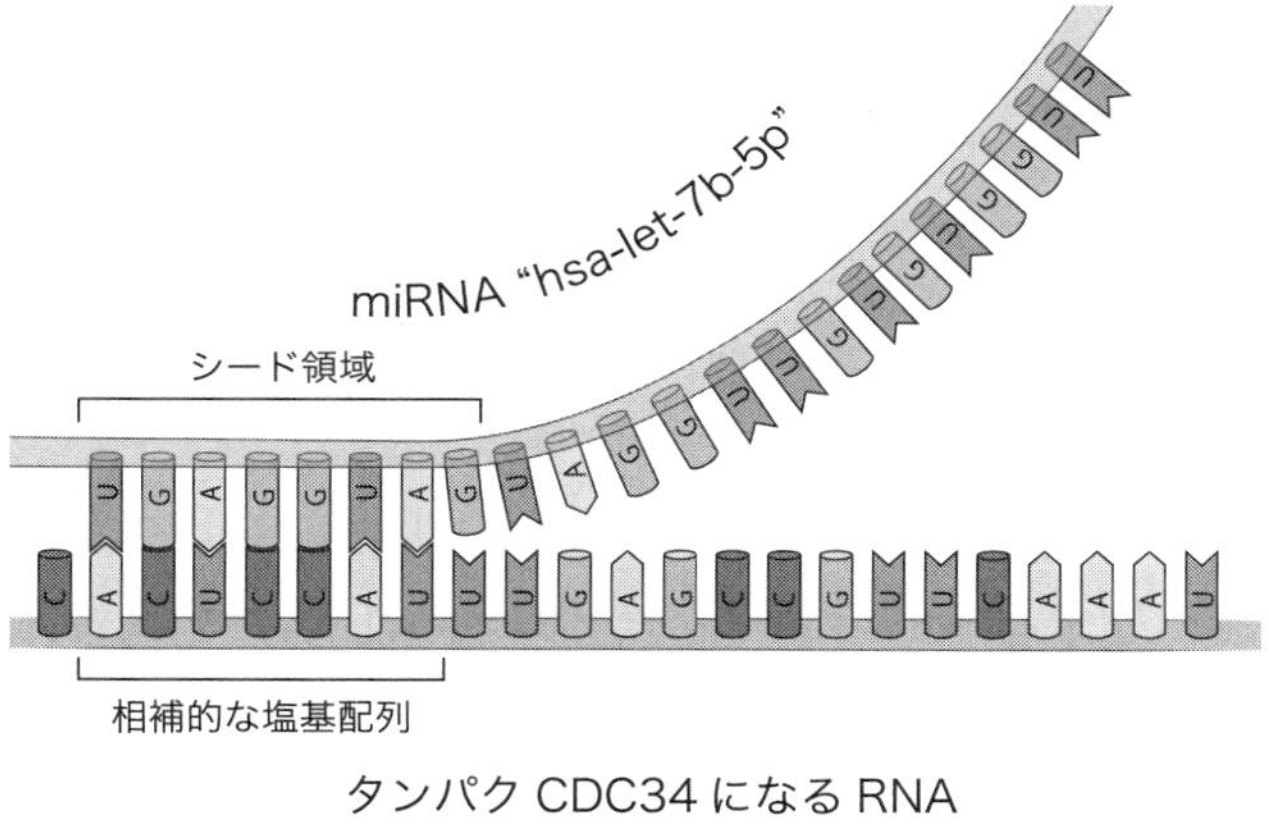

図2-3　マイクロRNAは相補性を利用して、タンパク合成を阻害する
hsa-let-7b-5pというマイクロRNAの左端のシード領域は、CDC34タンパクをコードするRNAと相補的に結合する部分を含んでいる。

一方、ＣＤＣ34というタンパクになるＲＮＡには、C[ACUCCAU]UUGAGCGUUCAAAUという配列部分がhsa-let-7b-5pの標的となっている。シード領域には標的ＲＮＡと相補的に結合する領域が含まれており、いまの場合は［　］で囲われた七塩基の部分が結合を媒介する相補配列部分である。他にもhsa-let-7b-5pには多数の標的ＲＮＡが知られており、ｍｉＲＴａｒＢａｓｅというデータベースにはなんらかの実験的な確認がされたものだけでも、約一二〇〇種類の標的ＲＮＡが知られている。

マイクロＲＮＡはこれらの標的ＲＮＡを、他種のタンパクと協力することで破壊したりタンパクに変換されたりするのを妨害していると信じられている。つまり、マイクロＲＮＡはセントラルドグマで規定されたDNA→RNA→タンパクの流れを擾乱《じょうらん》するバイプレーヤーというわけだ。残念ながら、相補配列があれば必ず標的になるというほど単純ではないようだが、そもそも相補配列がなかったら相互作用もない、ということを考えるとこれは結構おもしろい問題だ。

タンパクは、すべて元になるRNAを持っている。このRNAのうち、端っこの、マイクロRNAの標的になる部分の配列は、RNAごとに異なっているから、標的にしたいRNAのセットが決まればそれらのRNAの端の領域に共通に存在する八塩基以下の配列を探し、それがシードになっているマイクロRNAを「設計」すれば、標的RNAがタンパクになるのを一網打尽で抑制できるマイクロRNAができあがる。こんなふうに、RNAのどの部分を標的にしたシードを設計すれば、何種類くらいのマイクロRNAで、作製されるタンパクの量をコントロールできるか、という問題になる。シード領域はたった八塩基とは言っても一塩基が四種類あると思うと、四の八乗通りのシード領域が可能で、その総数はじつに六万五五三六通りもある。マイクロRNAは数千個しかないのでどの配列をシードに採用するかという自由度は十分にある。

ここで「このシード配列はこのタンパクに関係していてこのような生物学的な機能を制御していることがわかっている」という話だったら大変にカッコイイのだが残念ながらまったくそのような状況にはなっていない。それにはいろいろな理由がある。

まず、第一の原因はデータの不足。僕が編集した件《くだん》の特集号にどんな論文が投稿されてくるかというと、「○○というマイクロRNAは××というタンパクの元になるRNAを標的にしていて△△という生物学的な機能を制御しています」というのを実験的に確かめた、というのを一個やったという論文。つまり、たった一つのマイクロRNAが、これまたたった一つのRNAを標的にしています、ということを確認するだけで論文が一本書けるくらい大変な作業だということだ。一方、ヒトのマイクロRNAであるhsa-let-7b-5pたった一個に対して標的となるRNA（候補）は前述のように一二〇〇種類もある。で、マイクロRNAはヒトだけでも四〇〇〇種類ある。途方もない話ではないか。これでは全部調べるのに何年かかるかもわからず、全貌の解明はいつになるか気が遠くなる。

だいたい、いまの状況はマニュアルなしの動作するプログラムがポンと与えられた状態とたいして変わらない。仮に、なんらかのプログラム、たとえば、マイクロソフト・ワードとか、LINEのようなプログラムがなんの説明もなしに与えられたら、どうやって使うのか皆目見当がつかないだろう。こんなことを書くと「いや、そんなことない。マニュアルなんて読んだことないし。使っているのを見れば使い方なんかすぐわかるじゃないか」という人もいるかもしれない。実のところ、この意見は正しい。いまの我々の理解レベルはマイクロRNAがどう動くのか観察しているレベルである。だから「○○というマイクロRNAは××というタンパクの元になるRNAを標的にしていて△△という生物学的な機能を制御しています」という研究一個一個が論文になってしまう。

実際には、仮にマイクロRNAの「使い方」がわかっても、科学の場合にはそれでは終わらない。「なんでそうやって動くのか」までわからないと終わったことにはならない。ワードやLINEの例で言えば、「このメニューを選ぶと文字が挿入されるという機能を実装するためにどんなプログラミングがなされているか」まで理解しなくては終わらないから道は果てしなく遠い。

実は、このように「目の前に完成したものがあり、それを見てどうやって動作しているかを研究する」という行為には立派に名前がついている。それはリバースエンジニアリングである。リバースエンジニアリングとは目の前に完成した製品があったとき、それと同じものを作るにはどうするか、というプロセスを解析する科学技術である。たとえば、日本に火縄銃が伝来したとき、当時、戦国時代真っ只中だった日本人は、完成品の火縄銃を研究して同じものを作ろうと努力奮闘した（結局は、うまくいかず、西洋人に教えを乞う羽目になった）。あるいは、かつてIBMがメインフレームという巨大計算機で業務用計算機のヘゲモニーを握っていたとき、これに挑戦する日本のメーカーは、メインフレームで使用されているプログラムと同じものを自社製品に搭載するために、逆アセンブルという技術を使ってＩＢＭの技術を盗もうとしたそうだ。

我々が普段使っているアプリケーションは、もともとは人間がすべてプログラムを組んで作ったものだ。その文字で書かれたプログラムをコンピュータが理解できる形に変換するのがコンパイルと呼ばれている操作だ。アセンブリというのは最も原始的＝機械に理解しやすい計算機言語で、逆変換も容易だった。だから、「このアプリはどういうプログラムで作られたのかな？」という疑問に答えるには、コンピュータにしか理解できない形式にコンパイルされてしまったアプリケーションのファイルを、逆変換することは大いに助けになった。

ある意味、いま、喫緊の課題になっているゲノムを読み解く、という作業はリバースエンジニアリングに近い。ゲノムに記録されたＡ、Ｔ、Ｇ、Ｃの四種類の塩基の羅列から、生命の仕組みを理解しよう、という試みは、このコンパイル済みのアプリケーションファイルから、元のプログラミングを再現しようという試みによく似ている。実際、コンピュータの中のアプリケーションファイルは二値《バイナリ》ファイルと呼ばれている。現実の計算機で採用されているデジタル情報処理系は、四種類の文字を利用しているＤＩＧＩＯＭＥと違って０と１という「二値《バイナリ》」でデジタルデータを表現しているからだ。

ちょっと話がそれてしまうが、この標的ＲＮＡがタンパクになるのを抑制する、というマイクロRNAの機能は遺伝子が機能することを人為的に妨害することにも使われている。マイクロRNAは所詮はRNAという分子にすぎないから、特定のRNAを標的とするシード領域を持つ、(しかし自然界には存在しない)マイクロRNAを人工的に作って添加してやれば、特定のRNAの機能だけを停止するという離れ業が可能になる。この技術はRNAi(RNA干渉)法と呼ばれて日常的に分子生物学の実験で使われている。

2・6 エンリッチメント解析という考え方

IBMに挑む日本のメーカーには逆アセンブリという切り札があった。IBMといえども、アセンブリ言語という汎用技術を使わずに、各種のアプリケーションを開発することはできなかったからだ。だが、ゲノムに挑む人類にはそんな都合の良いものは与えられていない。しかも、マイクロRNA一つ取っても、どのマイクロRNAがどのRNAを標的にしているかの網羅的な探索さえ、思うに任せない。こんな状況でDIGIOMEはデジタル情報処理系だ、と言っても、絵に描いた餅で実効性は何もないのではと思われてしまうかもしれない。

現在、科学者たちはこの困難な状況に統計の力をもって挑んでいる。それはエンリッチメント解析、と呼ばれている。例をあげよう。「下駄を投げて表が出るかどうかは、翌日、雨が降るかどうかと関係ない」というステートメントを考える。この命題は正しいかどうかを科学的に（統計的に）検証する方法を考えよう。そのために、ともかく、毎日ひたすら下駄を投げ、翌日雨が降ったかどうかを記録する。この作業を何日間も繰り返し、翌日が晴れだった時の下駄の裏表のデータだけを二〇日分集めたとしよう。下駄の裏表と翌日の晴雨が関係あるわけはないから、下駄は一〇日は表、残り一〇日は裏、になるだろう。だが、当たり前だが、ちょうど一〇日ずつになることはないだろう。おそらくは一三日が表、七日が裏、とかになるはずだ。さて、問題。いったいどれくらい半々からずれたら偶然とは思えず、晴れだったら裏か表が出やすいと思えるだろうか？

これは実はそれほど難しい問題ではない。二〇日間下駄を投げ続けた場合、表・裏のパターンは何通りあるか？　一日あたり表・裏で二パターンなので、二日なら二×二で四パターン、三日ならさらに二をかけて八パターンである。これを二〇日まで続けると二の二〇乗でこれはだいたい一〇〇万パターンである。つまり、仮に二〇日間表が出続けたらこれは一〇〇万分の一の確率でしか生じない非常に稀な現象だということになり、何かしら原因があって晴れだったら表が出やすい、と思っても構わないということになる。

それでは逆に、いったい、表が出る割合が五〇％をどれくらい超えたら、これは偶然じゃなく、晴れだったら表が出やすいと言っていいだろうか？　そのためには、一〇〇万パターンのうち、どれくらいの割合が実際に観測された五〇％からのずれに相当しているかを考えればいい。たとえばであるが、表が一二回出たとしよう。これがどれくらい「偶然」であるかは、一二回以上表が出るパターンの数を数えればいい。実際に数えてみると二〇回中一二回以上表が出るパターンは、全体の一三％しかないことがわかる。つまり、偶然に起きる確率は〇・一三だということがわかる。これが「偶然」に起きることかどうか（〇・一三は偶然に起きるには小さすぎると思うかどうか）は人間が決めるしかないが、こうすればどの程度「偶然」なのかを定量的に観測できる。ちなみに五〇〇〇回に一回しか起きない程度の偶然になるためには二〇回中一七回表が出ないといけない。

この方法を使うと、マイクロRNAの標的RNAが限られた数しかわからなくても、マイクロRNAにどんな生物学的な機能があるかは知ることができる。まず、タンパクの機能の研究は、ヒトゲノムプロジェクト以前から延々とされてきたので、機能がわかっているものは結構ある。そこで、個々のマイクロRNAが標的にしているRNAが変換されたときに生成されるタンパクの機能の集合を見ることで、マイクロRNAの生物学的な機能を予測できる。たとえば、がん遺伝子をたくさん標的にしていれば、そのマイクロRNAはがんを防ぐ機能を持ったマイクロRNAだろう、ということが言えるが、その程度が「偶然」かどうかを前述の下駄と天気の関係と同じような考えで定量化できる。このようなやり方をエンリッチメント解析と呼んでいる。エンリッチメントというのは英語で濃縮を意味する。つまり、すべてのタンパクをコードするRNAから、あるマイクロRNAの標的になっているものだけを選んだとき、個々の機能（たとえばがん遺伝子）を持ったタンパクの割合がどれくらい濃縮されたかを見ていると解釈する。

こんなうろんな方法で非常に申し訳ないのだが、この方法でかなりの数のマイクロRNAの機能が予測されている。たとえば、ｍｉｒＰａｔｈというサイトに一個以上のマイクロRNAを入れるとどんな機能がありそうか教えてくれる。hsa-let-7b-5p の場合は細胞分裂がトップに来る。細胞分裂に関係する三六個のタンパクに変換されるRNAを標的にしていて、これが「偶然」である確率は一三三万九六五五分の一にすぎないので偶然とは思えない、ということだ。ちなみに hsa-let-7b-5p の標的として紹介したCDC34は正式名称を Cell devision cycle 34、つまり、細胞分裂周期遺伝子の三四番、という意味である。

一方で、このCDC34はｍｉｒＰａｔｈが選んだ三六個のタンパクには含まれていない。どの遺伝子を細胞分裂に関係するとみなすかにはある程度任意性があるので必ずしも間違いではない。つまり、多少漏れがあっても機能予測には影響がないということだ。これがエンリッチメント解析を使えば、マイクロRNAの標的RNAが部分的にしかわかっていなくても機能の予測ができる理由である。

言うまでもないが、エンリッチメント解析は万能ではない。五月一日から始まった令和元年は、いきなりゴールデンウィークに突入したため、最初の六日がぶっ続けで連休だった。この時点で「令和における年間の休日は半分以下」という命題を統計的に検定したら「それが正しい確率は一・五六%しかない」という結果が出てしまった（つまり、このあともずっと令和元年は半分以上休日！）、という笑えないギャグが成立してしまったそうである。所詮は統計解析なので一〇〇%の精度など望むべくもないことはよく気をつけておくべきだろう。

2・7 マイクロRNAを用いたiPS細胞作製

最近の分子生物学のトピックスといったら、iPS細胞で知られる山中伸弥教授によるリプログラミングの発見を外すことはできないだろう。発見から受賞までの期間が長く、生存者にしか与えられないがゆえに、長生き競争という揶揄《やゆ》もあるノーベル賞を、発見から一〇年足らずで受賞したことからもその重要度は明らかだ。

ここで奇しくもリプログラミングといういかにもコンピュータを思わせる用語が使われていることからも本書で紹介するにふさわしいテーマでもあるのだが、リプログラミングは細胞の分化を巻き戻すことをいう。我々の体は元をたどればたった一個の受精卵が分裂する過程で多種類の細胞に分化することで構成されている。以前は、動物では、ほとんどの場合、一度分化した細胞は元に戻せない、つまり、体細胞から発生プロセスを繰り返させることはできない、と信じられていた。一方で、前述のようにほとんどすべての細胞は全ゲノムを保持していて、一部分しか使っていなかっただけということもわかっていた。そこで山中教授はなんらかの方法でもう一度細胞内の全ゲノムを使用可能にすることができるのではないかと考えた。当時は荒唐無稽な考えだと思われたが、山中教授が見事それに成功したのは有名な話だ。

山中教授がリプログラミングに使ったのは転写因子というカテゴリに分類される四種類のタンパクである。ただ、山中教授はタンパクを直接細胞に注入したわけではなく、これらのタンパクになるDNAの配列をゲノムに強制的に書き込み、タンパクの生成を誘発することで細胞のリプログラミングに成功した。

これが画期的な研究であることは論を待たないが、応用を考えた場合にはいろいろ問題もあった。たとえば、ゲノムそのものに手を加えてしまうために、細胞ががん化する可能性がある。リプログラミングに使われたタンパクは実際、がんの発生との関連が疑われるタンパクを含んでしまっていた。リプログラミングを応用技術として考えた場合、新しい細胞を作って人間に移植することで治療するというのは誰しも思いつくことだが、がん化してしまっては、せっかくの治療も水の泡だ。

そこで、ゲノムをいじらないでリプログラミングができないか、ということが盛んに試されるようになった。ほどなくして、マイクロRNAがリプログラミングに使えるのではないか、という研究が報告されるようになった。二〇二〇年二月現在、メジャーな生物学文献データベースであるPubmedを「マイクロRNA」「リプログラミング」で検索すると一二〇〇件以上の論文がすでに発表されていることがわかる。マイクロRNAはセントラルドグマのプロセスの途中のRNA→タンパクのプロセスを阻害するもので、がんを誘発することもあるのだが、応用を踏まえたうえでのリプログラミング技術として有用な候補だと思う。

ここまで読んできた読者ならもうだいたい、想像がつくと思うが、これらのマイクロRNAがどうやってリプログラミングを引き起こしているかあまりよくわかっていない。ただ、リプログラミングを引き起こしているマイクロRNAのリストに前述のエンリッチメント解析を適用したところ、山中教授がリプログラミングを引き起こすのに使ったタンパクの一種である転写因子を作り出すRNAを標的にしているらしいことが示唆された。直接タンパクと相互作用して制御する代わりに、RNAからタンパクへの変換を阻害することで間接的に同じ効果を出している可能性もあり興味深い。

いずれにせよ、かつてジャンクDNAと揶揄された部分からコピーされたタンパクにならない《ノンコーディング》RNAの一種にすぎないマイクロRNAがリプログラミングなどという最新知見に大きく関係しているのはじつに驚くべきことで、ジャンクDNAは全然ジャンクじゃなかったことはこの一例だけでも明らかだろう。

2・8　マイクロRNAスポンジという技術〜デコイ戦略〜

もともと生命の自然な機能であるマイクロRNAを逆手に取って特定のRNAの機能だけを阻害できるRNAi法という技術に転用されていることはちょっと前に述べた。この「遺伝子の機能を知りたかったら、その遺伝子の機能を停止してみる」という逆張りの方法は、分子生物学では非常によく使われる方法である。たとえば、寿命を延ばす遺伝子が知りたい、とする。その場合、機能を停止したら寿命が短くなる遺伝子が見つかれば、「逆に、この遺伝子を強化すれば寿命が延びるのでは？」と考えることができるからだ（あくまで、そう考えることができる、というだけでいつもそうそううまくいくとは限らない）。

この「機能を知るために機能を停止してみる」という逆張りアプローチはＤＩＧＩＯＭＥがロバストだからこそ使える方法である。フラジャイルなシステムではどこか一ヵ所を止めたら、全体が止まってしまう。自動販売機で「コインの種類を判別する装置はどこだろう？」という疑問を解決するために、あちこちの回線を順番に切っていっても、起きることは「お金を入れてもうんともすんともいわなくなる」だけのことである。これでは、壊したところが、お金の種類を認識するところだったのか、お金を認識した後、買える飲料水のランプを点灯するところだったのか、あるいは、お金を識別機に送る装置だったのか皆目見当がつかない。だが、これが生命体だったら、システムを部分的に破壊することでいわば「どんなコインを入れても飲料水が買える」みたいなことを起こせるのである。ロバストなシステムはいきなり死んだりしないで「次善の策」を駆使して生き残ろうとするからだ。だからこそ、機能を止めてみて機能を調べるという逆張りの手法が可能になる。残念ながら我々人間が作るフラジャイルなコンピュータ・プログラミングではこういう方法はまず使えない。

マイクロＲＮＡの機能を推定するときに使われたエンリッチメント解析も、そのようにして推定した遺伝子の機能を大いに使っている。しかし、このやり方だとまったく未知のマイクロＲＮＡの機能（たとえば、リプログラミングに使えるとか）にアプローチするのは難しい。それではＲＮＡｉ法みたいな技術を使って、ＲＮＡじゃなくマイクロＲＮＡ自体の機能を阻害できたりしないだろうか？　それができたら、直接、マイクロＲＮＡの機能を「機能を止めてみて機能を調べる」という逆張りアプローチで調べることができる。

実はこのような方法はすでに開発されている。その名はマイクロＲＮＡスポンジ。スポンジ、というのはあのスポンジである。穴が空いていて柔らかいアレだ。スポンジの主な機能はたくさん液体を吸い込むこと。マイクロＲＮＡスポンジもいわば「マイクロＲＮＡを吸収する」ものという意味で命名された。ＲＮＡやＤＮＡという核酸の特徴はＡはＴ（ＲＮＡの場合はＵ）、ＧはＣと引き合う、というところだった。これを使って、マイクロＲＮＡ（長さは二一塩基から二五塩基くらい）と相補的なＲＮＡをまず設計する。

その意味ではＲＮＡに対するＲＮＡｉ法と同じように見えるが、そこから先がちょっと違う。ＲＮＡｉ技術の場合は、設計した相補的なＲＮＡ鎖をただ細胞に入れてやるだけだったが、マイクロＲＮＡスポンジの場合は、ゲノムに遺伝子組換え技術を使って、マイクロＲＮＡスポンジの遺伝子を書き込んでやる。すると、ゲノムからマイクロＲＮＡスポンジが読み出されてＲＮＡが作られて、標的のマイクロＲＮＡが「騙《だま》されて」マイクロＲＮＡスポンジに吸着してしまう。その結果、本来ならそのマイクロＲＮＡが標的としているＲＮＡへのマイクロＲＮＡの結合が妨害され、結果的にそのマイクロＲＮＡの機能が停止されたことになる。

これはデコイ戦略と呼ばれる方法で実は昔からよく使われている。有名なのは誘導兵器に対するデコイだろう。たとえば、昔の戦争映画などでよく目にする赤外線誘導ミサイルは「空には高温熱源は存在しない」という事実を逆手に取って「もし、空に高温熱源があったらそれは戦闘機のジェットエンジンの熱である」とみなすことで「高温熱源に向かって飛んでいくミサイル」を設計したものだ。これに対して防御側は「フレア」と呼ばれる高温熱源をばらまくことで「空には高温熱源は存在しない」という前提条件自体を破壊して赤外線誘導ミサイルを無効化する。

同様にマイクロＲＮＡスポンジは「マイクロＲＮＡと相補的な配列を持つＲＮＡは存在しない」という前提を覆すことでマイクロＲＮＡを無効化する。マイクロＲＮＡが標的ＲＮＡを認識するために利用しているのはたかだか八塩基の長さのシード領域と標的ＲＮＡの相補配列との相補性でしかない。だから、それより長い相補配列を持ったＲＮＡを人工的に用意してやれば、マイクロＲＮＡはより長い相補配列を持ったＲＮＡと結合するほうがより強い力で結合することになる。なぜならRNAどうしが結合する力は相補配列の長さ（＝塩基の数）に比例するからだ。マイクロRNAが本来の標的RNAに結合するか、あるいはより長い相補配列を持った人工RNAに結合するかは確率の問題でしかないが、平均すれば、より長い相補配列を持った、より結合力が強い人工RNAのほうに結合するようになる。結果、マイクロRNAが本来の標的RNAに結合する割合は低下して、マイクロRNA機能は無効化される。まさに、典型的なデコイ戦略である。

マイクロRNAスポンジは、単に、標的マイクロRNAとよく結合するという以外にも、いろいろ利点がある。たとえば、マイクロRNAスポンジの遺伝子がゲノムに組み込まれているので、細胞が勝手にどんどんマイクロRNAスポンジを作ってくれて、標的マイクロRNAを無効化してくれる点だ。この点、入れた分の数しか効果がないRNAi法よりもはるかに優れた抑止手段だ。

マイクロRNAスポンジのもう一つの利点として、機能する細胞の種類をコントロールできる、というのがある。第一章で述べたように、細胞ごとにどのタンパクが作られるかは異なっていて、その調節はタンパクの元であるRNAのレベルで行われている。つまり、必要なタンパクに変換されるRNAをゲノムからコピーするわけだ。で、この「どの細胞でどのRNAをゲノム

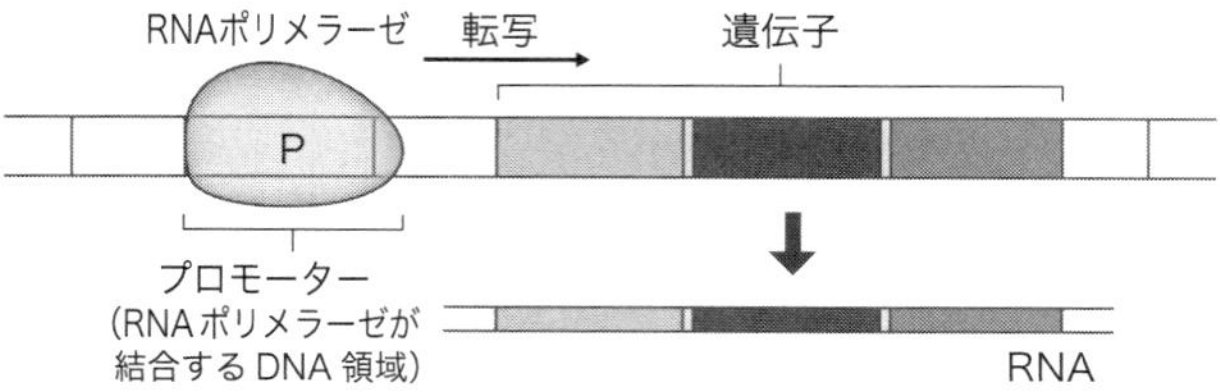

図2-4　プロモーターが働く仕組み

プロモーター領域は、転写（DNAからRNAを合成する段階）の開始に関与する遺伝子の上流領域を指す。このプロモーター配列に、RNAを合成するRNAポリメラーゼが結合することによって転写が開始される。

から読み出すか」という選択は、RNA自身の塩基配列ではなく、ゲノム上でRNAに相当する塩基配列が書かれているところの手前の「プロモーター」という領域の塩基配列を認識することで行われている。

プロモーター領域というのは、DNAから変換されるRNAに該当する塩基配列が書き込まれている部分の「先頭」に存在する一〇〇〇塩基ほどの領域につけられた名前だ。はっきりした定義があるわけではなく、ただ、この領域にいろいろなタンパクが結合することでRNAへの変換が始まる。プロモーターの塩基配列が一種のマークになっていて、そのマークに対応するタンパクがDNAのプロモーター領域に結合することでどのRNAの変換が始まるかをコントロールできる、という仕組みになっている。

ということはゲノム上のマイクロRNAスポンジを書き込んだ手前に、このプロモーター配列を書いておけば、このプロモーター領域を制御することによって、マイクロRNAスポンジの発現

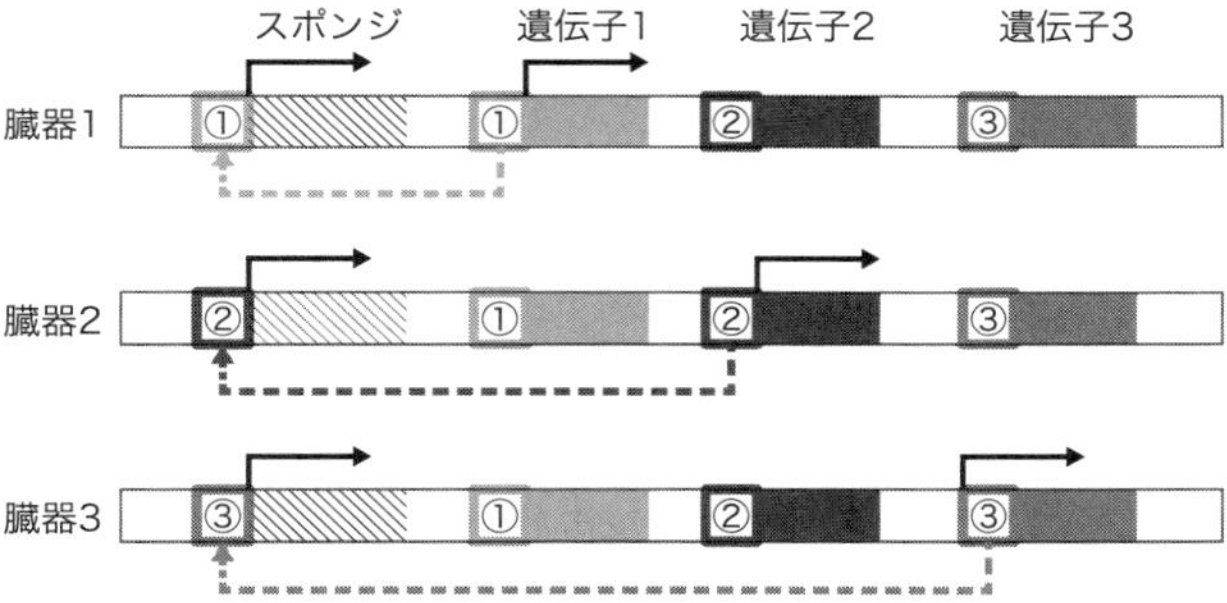

図2-5　マイクロRNAスポンジが働く仕組み

マイクロRNAスポンジ（図の斜線がかかった部分）の前に、機能を停止させたい遺伝子の前にあるプロモーター配列と同じ配列（①〜③）を書き込んでおけば、その遺伝子が発現する臓器特異的に、標的のマイクロRNAの機能を停止できる。

を自由に制御できるようになり、その細胞は「間違って」マイクロRNAスポンジを読み出すことになる。

この原理を使えば、特定の細胞、たとえば、神経とか、肝臓でだけ特定のマイクロRNAスポンジが細胞に読み出されることになる。これは結局、臓器や細胞の種類特異的に、特定のマイクロRNAを抑止できるということで、「機能を知るために機能を停止してみる」という逆張り戦略を細胞ごと、臓器ごとに実行できる可能性があるわけで、マイクロRNAの機能の解明に非常に強力な武器になる。

このマイクロRNAスポンジという技術は化学反応を用いたデジタル情報処理系であるDIGIOMEのおもしろさをよく表現している技術だと思う。

まず、本質的に化学反応系でアナログな世界である生命現象をデジタル技術で制御している。ゲノムがデジタル情報だということはセントラルドグマの昔からよく知られていたことであるが、それはあくまで情報記録媒体としてであって、制御系にまでデジタル情報処理の技術が使われていると思っている人はあまりいなかったのではないか？　これが可能になったのはマイクロRNAという、セントラルドグマの外側にある、タンパクにならない《ノンコーディング》RNAという実体が存在したからこそである。その意味で、今後どのようなデジタル技術がDIGIOMEをコントロールする技術として生み出されていくのか、じつに興味深い。

　また、マイクロRNAスポンジのおもしろさはそれにとどまらない。ゲノムに書き込むことで臓器や細胞特異的にマイクロRNAの機能を停止できるわけだが、その制御を担っているのがまたプロモーター領域のゲノムの塩基配列である。これまた典型的なデジタル情報制御技術である。

　こんなふうに書くと、いまやマイクロRNAスポンジで自由にマイクロRNAの機能をオン／オフできるようになっているように思えるが、実はそうでもない。たとえば、マイクロRNAスポンジを作るときに、標的のマイクロRNAと完全に相補的な配列を設計するより、途中に不整合な領域（ギャップといって塩基配列が相補的ではない部分、つまり、AとT、GとCという関係になっていないもの）を入れたほうがよく働くことが知られている。マイクロRNAスポンジの「本来のマイクロRNAの標的であるRNAよりもマイクロRNAとの親和性が高いRNAを用意する」という要請からしたら、途中にギャップなんてないほうがいいように思える。現在のところ、なんでギャップがあるほうがいいのかよくわかっていない。DIGIOMEの研究対象としてのおもしろさはデジタル技術で制御できそうに思えるのに、意外なところで外してくるところにある。この辺のことを人類が完全に理解するにはまだまだ長い時間がかかりそうである。

2・9 まだまだ発見、新種のRNA

数あるRNAのうちのたった一種類のマイクロRNAだけでも、これだけ新しいことがある。実のところ、マイクロRNA自体はヒトゲノムプロジェクト完遂以前から存在が知られていた「古い」タンパクにならない《ノンコーディング》RNAである。ヒトゲノムプロジェクト完遂後はそれこそ新しい種類のタンパクにならない《ノンコーディング》RNAが続々と見つかっている。

その一つは長鎖のタンパクにならない《ロングノンコーディング》RNA（長いので以下、英語名であるlong non-coding RNAを略してlncRNAと表記）である。機能的にしっかり分類され、「遺伝子発現を抑制する効果を持つ二一〜二五塩基程度の一本鎖RNA」という定義がはっきりしているマイクロRNAに比べるとｌｎｃＲＮＡの定義は極めて曖昧である。いわく「長さが二〇〇塩基以上のタンパクにならない《ノンコーディング》ＲＮＡ」という定義である。これは冗談ではなく、いまでも本当に学術文献にそう定義してある。

　このアバウトな定義でわかるように、ｌｎｃＲＮＡについてはわかっていないことが多い。定義がこんなざっくりしたもののせいで、ｌｎｃＲＮＡの総数さえはっきりしない。現在、ヒトには六万弱のｌｎｃＲＮＡがあると言われているが、わずか五年前には半分の三万弱しか見つかっていなかった。極端なことを言ったら、ｌｎｃＲＮＡは「ゲノムから安定的に読み出されているＲＮＡのうち長さが二〇〇以上のタンパクにならない《ノンコーディング》ＲＮＡ」という以上の定義はない。見つかったｌｎｃＲＮＡが本当に機能を持ったものなのかさえよくわからない。数の認定自体、これで頭打ちになるとはとても思えず、さらに五年後は一〇万個を超えているかもしれない。

　タンパクになる遺伝子の数さえヒトでは二万個強だということを考えると、このｌｎｃＲＮＡの数は本当に気が遠くなるほど膨大で、これらが全部機能を持っているとしたらそれこそ我々はＤＩＧＩＯＭＥのことがどんだけわかってないんだよ、という話だ。ジャンクＤＮＡなんていう考え方がどれだけ与太話だったかこれだけでもわかろうというものだ。

　だいたい、想像に難くはないと思うのだが、この数に比べて「機能」がわかっているｌｎｃＲ

NAの数はごくわずかだ。マイクロRNAスポンジとマイクロRNAの関係や、そもそものマイクロRNAと標的RNAの関係から推して、これだけの数のlncRNAの少なからぬ部分が他のRNAとなんらかの相互作用をすることで機能を発揮しているだろうと思いつくのはそんなに難しくない。実際、そのような知見を集めたデータベースはすでに存在する。たとえば、LncRNA2Targetというデータベースの最新版（二〇一八年六月公表）には、三五六個のlncRNAに対する、実験的に確証された標的RNAがリストされている。三万五六〇〇個でもなく、三五六〇個でもなく、たったの三五六個である。しかもこれは単に「結合している」というだけのことで本当にそれで機能を持っているかどうかはわからない。

前にマイクロRNAと標的RNAの関係はペアの数が多すぎてとても全部研究しきれないという話をしたが、lncRNAの場合はその程度が輪をかけてひどい。ただ結合しているだけのものさえ判明しているのがこの少なさではマイクロRNAのときに使ったエンリッチメント解析なんて使えるわけもない。

しかし、逆に言えば、こういうときこそコンピュータの出番である。lncRNAがどのRNAを標的にしているのかわかればぐんと理解は進む。こんな場合こそゲノムをDIGIOMEと見る考え方の出番である。

だが、標的ＲＮＡとの結合領域がたった八塩基のシード領域に限られていたマイクロＲＮＡのときと違い、どの部分が標的ＲＮＡと結合するのかｌｎｃＲＮＡの場合は全然わからないのである。だから、コンピュータによるｌｎｃＲＮＡの標的探しはマイクロＲＮＡの標的探しに比べて圧倒的に難しい。

ｌｎｃＲＮＡはマイクロＲＮＡと違って長いから、どこが標的ＲＮＡと結合する場所かわからないと総当たりで探すしかない。長さも八塩基という制限がない。仮にｌｎｃＲＮＡの長さが一〇〇塩基で、標的のＲＮＡも長さ一〇〇塩基だとしよう。ここで仮に相補配列の長さは五塩基だと仮定したら、何回くらい比べないといけないだろうか？　長さ一〇〇塩基のｌｎｃＲＮＡの配列の中の、長さ五塩基の配列は、まず、一番目から五番目、二番目から六番目、とずらしていくと、最後は九六番目から一〇〇番目なので、全部で九六種類ある。標的ＲＮＡのほうにも同じ数だけ、長さ五塩基の配列がある。なので、これを全部比べるには九六×九六＝九二一六回も比較を行わないといけない。しかもこれは五塩基だけの場合で、六塩基、七塩基と長さを伸ばしていくと総数はとんでもない比較数になる。仮に長さ五塩基から五〇塩基まで考えたらその数は全部で二五万六六一一通りにまでなる。

で、いまは計算を簡単にするためにｌｎｃＲＮＡの長さを一〇〇塩基にしたが、本当はｌｎｃ

ＲＮＡの長さは最低でも二〇〇塩基ある。標的のＲＮＡのほうだってもっと長い。だから比較数はこんなものじゃすまない。たとえば、ｌｎｃＲＮＡも標的ＲＮＡも長さが一〇〇〇塩基だとすると四三六〇万二四一一、つまり、四〇〇〇万通り以上になる。しかもこれはたった一個のｌｎｃＲＮＡと標的ＲＮＡのペアの比較だけである。両方とも少なくとも数万個はあるのだから、この比較を数万×数万≒数億回くらいはやらないといけないので、全部で数千万×数億回の比較が必要である。これは最高速のスーパーコンピュータをもってしてもそうそう簡単にできる計算ではない。

ＤＩＧＩＯＭＥにおける計算というのは、マジでやるとだいたいこんなふうにすぐに調べないといけない場合の数が爆発してしまってやりきれなくなるのが常である。ゲノムの機能をデジタル情報処理系として想定し、どんなことが起きるかを考えるのは有効な科学の手段なのだが、一個一個の計算は簡単（ある長さの塩基のペアが相補配列かどうか調べる）であってもやる回数が天文学的な計算になってしまうのでは無理である。つまり、この問題は純粋に計算科学の問題だと思うとここで行き詰まる。

こういうときはちょっとだけ生物の知識を入れることで、あり得る場合の数を制限する。それにはいろんなやり方があるが、たとえば、福永津嵩《つかさ》研究員（早稲田大学、当時）と浜田道昭准教授

（早稲田大学、当時）はこんなふうに考えた。単に相補的な配列がくっつくというだけなら、別にｌｎｃＲＮＡと標的ＲＮＡの相補的な配列がくっつく必要はなくて、代わりにｌｎｃＲＮＡの内部どうし、標的ＲＮＡの内部どうしだっていいわけだ。むしろ、そのほうが距離が近いんだから、くっつきやすいだろう。ざっくり言うと内部でくっつく相補的な配列は、そっちでくっついたほうがいい（＝機能を発揮しやすい）だろうから、内部で相補的な配列になっている場合はそっちを優先して「余り」のところだけｌｎｃＲＮＡと標的ＲＮＡの比較をすればいいということにした。

これで内部で相補的な配列がたくさん見つかって、ｌｎｃＲＮＡと標的ＲＮＡで比べないといけない配列部分が少なくなれば劇的に比較の回数を減らすことができる。なぜなら、内部の比較は自分自身と一回やるだけでいいのに対し、ｌｎｃＲＮＡと標的ＲＮＡの比較はペアの数だけやらないといけないからだ。もちろん、内部の相補配列のほうが優先するという証拠はなく、そのほうがもっともらしいだけだ。だが、実際にやってみるとこのやり方は、どうやらうまくいくらしく、少なくとも、実験的に確証された数少ないｌｎｃＲＮＡと標的ＲＮＡのペアリングをよく推定することができた。

ＤＩＧＩＯＭＥをデジタル情報処理系として扱う場合にはこんなふうにちょっとだけ「現実」

を噛《か》ませてやるとうまくいくことがある。ここは単純なコンピュータ・サイエンスとの違いで、これを「おもしろい！」と思うか「（数学的に厳密じゃないので）汚い！」と思うかは、まあ好みが分かれるところだろう。

実験的に確証された標的がわかっているｌｎｃＲＮＡが数百個しかなく、一方でＤＩＧＩＯＭＥの特質を駆使して計算機でｌｎｃＲＮＡの標的を推定するという研究がまだ方法論を論文で議論しているレベルでは、ｌｎｃＲＮＡの機能の一般論的な理解なんて地平線の彼方の課題なのは想像に難くないだろう。それでも、何もわかっていないわけじゃないのでちょっとだけｌｎｃＲＮＡの機能について説明して終わりにしよう。

ｌｎｃＲＮＡとＲＮＡの結合が推定できたとして、そこから推定できる一番わかりやすいｌｎｃＲＮＡの機能はなんだろう？　これを当てるのはなかなか難しい。なんとｌｎｃＲＮＡにはマイクロＲＮＡスポンジの機能があったのである。なんでこんなことがわかったのか、不思議に思うかもしれないが、塩基配列の場合、相補的な配列が結合するのは自明なので、ｌｎｃＲＮＡとマイクロＲＮＡの配列が相補的かどうか調べれば、ｌｎｃＲＮＡがマイクロＲＮＡスポンジになる可能性があるかどうか調べるのはそんなに難しくない。もっとも、「調べてみよう」と思いつけるかどうかが優秀な研究者かどうかを分ける境目の一つだというのは論を待たないが、前に出てきたマイクロＲＮＡスポンジは、あくまで、マイクロＲＮＡの機能を停止するために考え出された実験的な技術であるが、ＤＩＧＩＯＭＥのほうもちゃっかり同じ技術を使っている。もっとも、デジタル情報処理系として可能な機能を使わないという選択肢もないだろうから、そういう機能が実際に自然界で働いていてもおかしくはない。

実際に実験データからマイクロＲＮＡスポンジとして機能しているｌｎｃＲＮＡを推定するには以下のようにする。まず、マイクロＲＮＡスポンジとして機能しているｌｎｃＲＮＡを推定したい実験系のＲＮＡの量、マイクロＲＮＡの量、ｌｎｃＲＮＡの量を測定する。次に、マイクロＲＮＡの標的ＲＮＡの情報と、ｌｎｃＲＮＡの標的になっているマイクロＲＮＡの情報をデータベースから持ってくる。最後に、マイクロＲＮＡが発現しているのに標的のＲＮＡの量が減っていなくて、同時に、そのマイクロＲＮＡを標的とするｌｎｃＲＮＡの量が増えているものを探す。こういうものが見つかったらそのｌｎｃＲＮＡはそのマイクロＲＮＡのスポンジとして機能しているとみなす。じつにざっくりとした感じだが、いまのところ、こういう方法で推定するしかない。これでいまの最先端の研究方法なのである。

ｌｎｃＲＮＡにはこの他にヒストンというタンパク（第5章の5・1・4にて解説する）とＤＮＡの結合性を変化させる機能なども知られているが、まだまだ研究は始まったばかりである。

2・10 環状RNA

タンパクにならない《ノンコーディング》ＲＮＡは最近すごく理解が進んだ分野なので書くことに事欠かないのだが、本全体のバランスが崩れてしまうのであと一つだけタンパクにならない《ノンコーディング》ＲＮＡの話をして、それで終わりにしよう。それは環状ＲＮＡだ。

ＲＮＡは普通輪っかになったりしないから、環状ＲＮＡの存在自体、なかなかに興味深いが、環状ＲＮＡの一番興味深い点は、ヒトゲノムプロジェクト以前からその存在が知られていたのに、環状ＲＮＡが機能があるタンパクにならない《ノンコーディング》ＲＮＡだとはまったく気づかれなかったという点である。

環状ＲＮＡなどという特徴的な構造物がありながら、それに機能があることに気づかなかったとはあまりにも不自然だが、それはなぜかというと環状ＲＮＡができる全然別の理由があったからだ。だから、ＲＮＡ研究者は全然、その存在に疑問を抱かなかった。それはちょうど、自動販売機の前に空き缶が山積みになっていても誰も疑問に思わないのと同じだ。実は、その空き缶が機能を持っているなんて誰も思わないし、もし、持っていたらそれは驚天動地だろう。実際、環状ＲＮＡが機能を持っている、というのはそれに近い話だ。

環状ＲＮＡがあって当たり前な理由を説明するには話を少し戻さねばならない。ヒトゲノムプロジェクトがあげた驚くべき成果に、当初一〇万ヵ所あると思われたタンパクに変換される場所の数が、実はたかだか二万ヵ所しかないということを明らかにしたことがある、と述べた。じゃあ、なんでそんな数え間違いをしたのか、また、そんなすごい数え間違いをしたのに大事にならないで済んでいるのか？　実は、一個一個のタンパクに変換される場所からは非常に多数個のタンパクが作られていること（一ヵ所から複数のタンパクが作られる、ということ）がわかったからだ、と述べた。

どうやったらそんなことが可能なのか？　前にゲノムからＲＮＡを読み出し、タンパクに変換するプロセスは、３Ｄプリンターが練り歯磨き状のプラスチックを吐き出しながら積み上げて複雑な三次元形状を作るのに似ている、と書いた。実はタンパクは単純な一個の塊になっているというより、いくつかのサブパーツに分かれていて、それらが一体となってタンパクとしての機能を発揮している。パーツだというなら組み合わせが可能なはずだ。実際、タンパクは必ず全長が作られるわけではなく、たくさんあるパーツの中から取捨選択して組み合わせることで合成されている。この組み合わせパターンを変えることで、タンパクに変換されるたった一ヵ所のゲノム上の場所から複数個のタンパクを作っているのである。

さて、質問。このパーツの選択はセントラルドグマのどのレベルで起きているでしょうか?

1　ゲノムからRNAが読み出されるときに取捨選択される。
2　RNAからタンパクが作られるときに取捨選択される。
3　タンパクが作られてから取捨選択される。

どれも、最終的にパーツが部分的に組み合わさったタンパクができるという意味では同じである。ただし、後になればなるほど、無駄が多くなる。丸々タンパクまで作ってしまってから要らないところを捨てるのは無駄の極致。一番無駄がないのは、ゲノムからRNAが読み出されるときに取捨選択することだが、これには別の問題がある。ゲノムからRNAを読み出すときに不必要な部分を「読み飛ばす」必要があることだ。

「そんなの簡単だろう」というなかれ。DIGIOMEはあくまで化学反応を駆使したデジタル情報処理系にすぎないことを忘れてはいけない。読み飛ばしたかったら、読み飛ばすための化学反応を設計しなくてはならない。結果から言うと生命体はゲノムからRNAを読み飛ばすという戦略は断念した。そして、いったんすべてRNAの形にしてからそれを切り貼りしてタンパクに

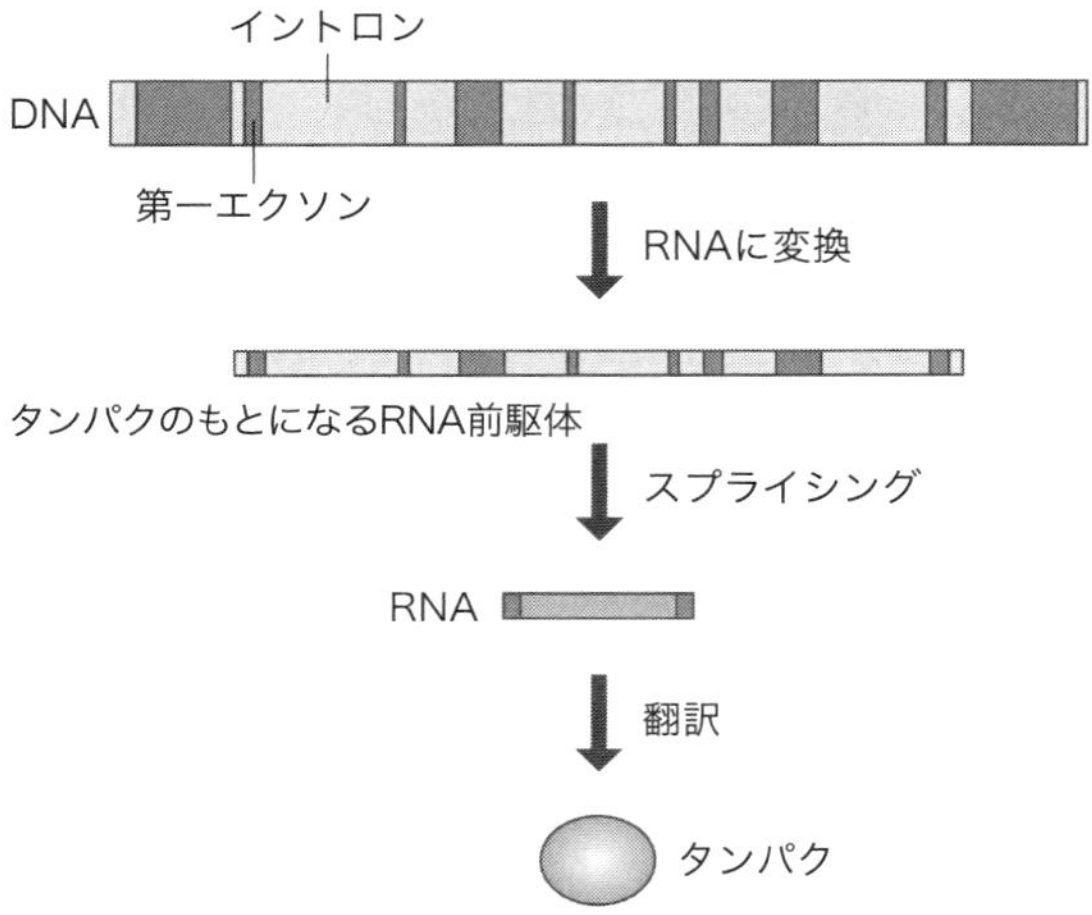

図2-6　DNAからRNAに変換された後にタンパクが合成される流れ

変換されるのに都合がいいＲＮＡに編集する手を選んだ。だから、タンパクのアミノ酸の配列をコドンで塩基配列に読み替えてからそれと同じ塩基配列を探しても、対応するものは存在しない。なぜなら、ＤＮＡの塩基配列はＲＮＡに変換されるが、タンパクになるときには捨てられてしまう部分（イントロン、と呼ばれている）とそのままタンパクになる部分（エクソン、と呼ばれている）がモザイク状に入り組んでＤＮＡに記述されているからだ。

　さて、一本の紐があったときに、途中を切り落として繋ぎ直し、短い紐を作る一番確実な方法はなんだろうか？　要らないところを切り取るためにジョキジョキ鋏《はさみ》でずたずたにしてしまったら、よほど気をつけない限り、どの断片のどの端とどの端を繋いだらいいかわからなくなる。うまいやり方は要らないところを輪にしてしまって、要るところだけを繋ぎ合わせ、あとから輪を切り取るやり方だ。

　これだったら、どことどこを繋げばいいかわからなくならないだろう。で、生命はこの方法を採用した。もうわかっただろう、環状ＲＮＡは長いことこのＲＮＡを切り貼りしたときにできる切れ端の輪っかという副産物だとばっかり思われていたのだ。実際、ほとんどの切れ端は処理されてなくなってしまうが、一部の切れ端が、処理されず残ることがあった。環状ＲＮＡを「ゴミ」だと思いこんだら最後、山と積まれた空き缶に機能があるとはとても思えないように、環状ＲＮＡに機能があるなんて誰も思わない。

　ところがどっこい、この環状ＲＮＡにはちゃんと機能があった。で、この機能がまたマイクロＲＮＡスポンジだというから畏れ入る。ＤＩＧＩＯＭＥは本当にジャンクＤＮＡだと思われていたものを使い倒すのが大好きだ（まあ、人間が勝手にジャンクだと思っていただけだが）。詳細に調べると一部の環状ＲＮＡにはマイクロＲＮＡのシード領域と相補的な配列がいっぱい含まれていた。そして、実際にマイクロＲＮＡを吸着して機能を阻害していることが確認できたのだ。

　人間は本当にＤＩＧＩＯＭＥをほとんど理解していない。長年ゴミだと思い込んでいたものにまで機能があるありさまだ。いったいこの先、どれくらいのどんでん返しが待っているんだか見

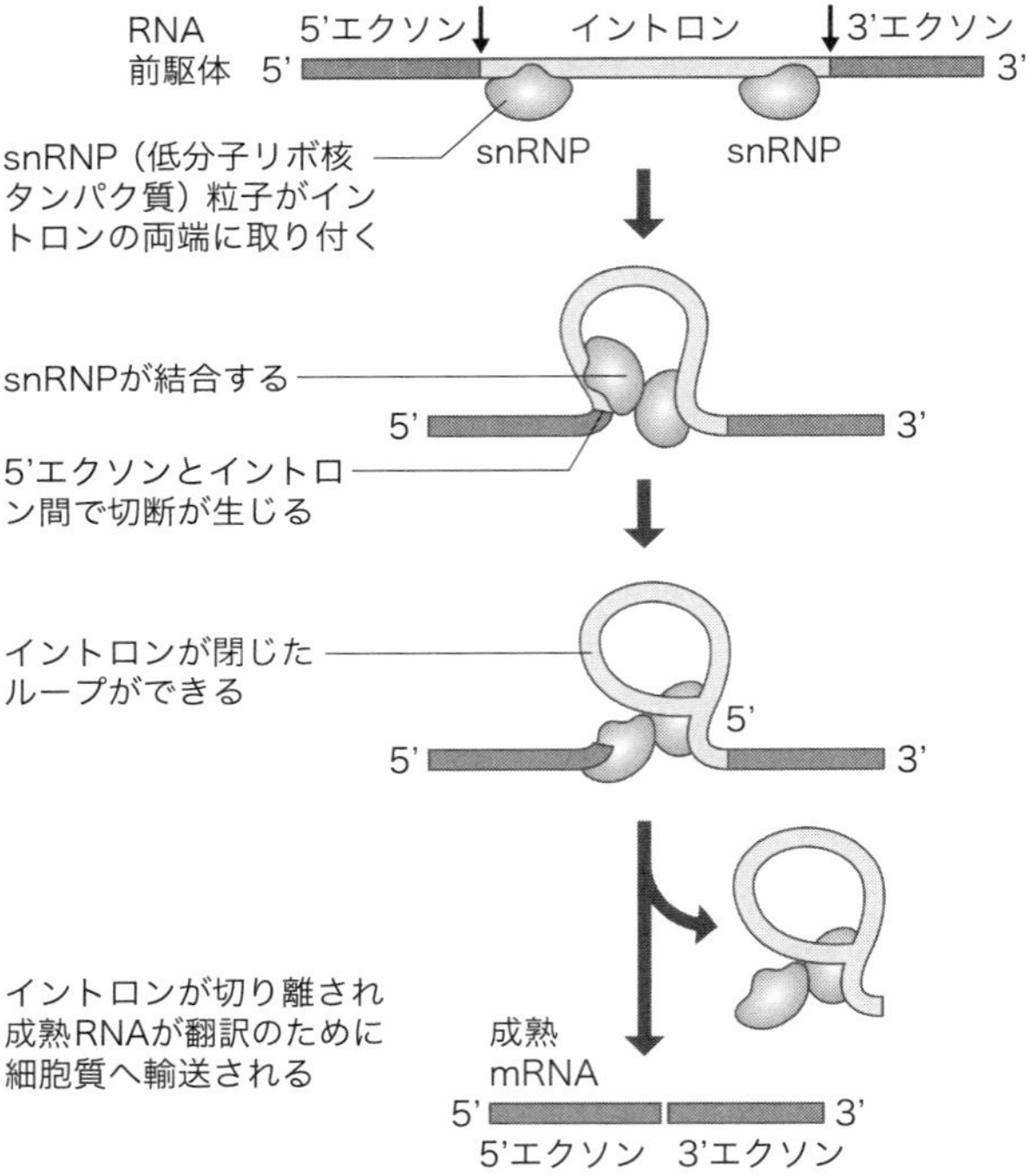

図2-7 タンパク質のコード配列（エクソン）のみが記録された成熟RNAは、イントロン部分を環状にして切り離すことによって完成する。エクソンを含んだより長い部分が読み飛ばされて、捨てられることもある。また、正確には環状RNAができるスプライシングは逆位スプライシングといって普通のものとは異なるのだが、話が細かくなるのでそこまでは説明しない。

当もつかない。

2・11 RNA編集

語れど尽きないRNAのすべて《トランスクリプトーム》のネタだが、こればっかり書いているわけにもいかないので最後にRNA編集のネタを披露して、この章を閉じることにしよう。RNA編集って何か。いままでだってRNAを編集する話は出てきた。たとえば環状RNAができてしまったRNAの編集とかも、れっきとしたRNAの編集である。だが、しかし、この手の研究者はRNAから環状RNAができることをRNA編集、とは呼ばないだろう。その意味でRNA編集はれっきとしたジャーゴン（＝狭い専門領域でしか意味が通じない専門用語）である。ちなみに「普通の（正常な）」RNAの編集には別の名前がついていて、そっちはRNAプロセシングという名前がついている（ややこしいことこの上ない！）。そういう意味ではRNAプロセシングもれっきとしたジャーゴン《業界用語》だろう。だから、RNA編集のほうは一種の異常事態、例外的な現象、みたいなニュアンスが込められている。

普通のRNAの編集たるRNAプロセシングはたとえば、イントロンを削除してエクソンだけを繋ぎ合わせコドンごとにアミノ酸を並べるとタンパクの配列になるようにすることや、間違って破壊されてしまわないようにＲＮＡの両端に余分な塩基をつけておくこと（キャップ構造やポリＡ尾部の形成、などの名前がついているがここでは詳しく触れない）。これらはＲＮＡからタンパクを作る前に必ずされることなのでＲＮＡ編集とは区別してＲＮＡプロセシングという名前がつけられている。

じゃあ、この分野のプロ研究者がいみじくもＲＮＡ編集と呼ぶのはどんな現象なのか？　まず、これには二通りの意味がある。自然現象としての呼称と、技術としての呼称である。マイクロＲＮＡによる標的ＲＮＡの抑止が、技術として使われたときにはＲＮＡｉ法と呼ばれたように、また、マイクロＲＮＡスポンジに、人間が設計した人工物という意味と、ｌｎｃＲＮＡや環状ＲＮＡみたいに生命現象として組み込まれたものという意味があったのと同じように、ジャーゴン《業界用語》としてのＲＮＡ編集にも自然現象と技術の両側面がある。

まず、自然現象としてのＲＮＡ編集について。これはＲＮＡを構成するＡ、Ｕ、Ｇ、Ｃの四種類の分子のうち、Ａがイノシン（Ｉ）に変換される。俗にA-to-I ＲＮＡ編集、などと呼ばれている（ＲＮＡ修飾という言い方のほうが一般的かもしれない）。このＩはＧと誤認されることが多く、結果的にゲノム上でＡになっているところがＧに置き換えられたのと同じことになる。

ＤＮＡ上の塩基配列はコドンを通じてアミノ酸に変換され、それがタンパクのアミノ酸配列になる。だから、A-to-I ＲＮＡ編集はタンパクのアミノ酸配列を変えてしまう。たとえば、ＡＵＡはイソロイシンというアミノ酸になるが、これがA-to-I ＲＮＡ編集でＩＵＩに変換されるとＧＵＧになるので、バリンというアミノ酸に解釈される。

近年このA-to-I ＲＮＡ編集が様々な病気に関与していることがわかってきたのだが、不思議なことに、前述したようなタンパクのアミノ酸配列の変化とは別の要因が関わっているようなのだ。たとえば、チアノーゼ性先天性心疾患の患者は非チアノーゼ性先天性心疾患の患者よりＭＥＤ13という遺伝子でA-to-I ＲＮＡ編集がたくさん起きていることがわかっている。チアノーゼ性先天性心疾患のほうが病が重いので、これは深刻な問題なのだが、A-to-I ＲＮＡ編集が起きているところは、残念ながらＲＮＡのうち、タンパクにならない部分なのである。

なぜ、タンパクにならない部分の変異がそこまで深刻な影響を与えるのかわかっていない。驚くべきことに、心臓病に関係する循環系に関連して見つかるA-to-I ＲＮＡ編集の大部分はコドンを通じてタンパクのアミノ酸配列に影響を与えていない。A-to-I ＲＮＡ編集が起きている部位のうちタンパクのアミノ酸配列に影響を与えている部位の割合はわずか〇・二％しかないという報告さえある。

せっかく、A-to-I ＲＮＡ編集と病気の関連がわかっても、我々はそこで立ちすくんで前に進めない状態である。これはひとえに我々がＤＩＧＩＯＭＥを理解していないからだ。タンパクにならない領域の配列がどんな影響を与えているか理解が不足している。ＤＩＧＩＯＭＥの理解がいかに重要か、これだけでも論を待たない。

次に技術としてのＲＮＡ編集について語ろう。代表的なものとしてはゲノム編集のツールとして脚光を浴びているクリスパーがあげられる。クリスパーは、もともとはＤＮＡ配列を編集するツールとして開発されたものだが、最近ではＲＮＡの編集にも用いられている。典型的なＤＩＧＩＯＭＥ技術であり、ご多分にもれず、相補配列を用いる。標的となったＲＮＡの特定部分を相補配列とし、その部分を（かなり）正確に切断したり編集したりすることができる。マイクロＲＮＡからＲＮＡｉ法が構想され、マイクロＲＮＡスポンジが、生命現象の中にあったのと同じく、クリスパーも最初は生命が自然に持っている機能として発見された。クリスパーのもともとの機能とは何か？

我々は様々な原因で病気になるが、感染症はその大きな原因の一つである。風邪はいまでも、命こそ脅かさないが、頻繁に発症して人間を脅かす病気だ。人間の歴史を紐解けば、ごく最近まで感染症は人間の生命を脅かす大きな要因の一つだった。西洋人が新大陸（南北アメリカ大陸）に侵略を敢行したとき、最も多くの現地人の命を奪ったのは、西洋人が持ち込んだ金属製の武器でも、人を人とも思わない残虐な行為でもなく、彼らが持ち込んだ、現地人が免疫を持たない感染症だったという話があるくらいだ。また、黒死病と呼ばれたペストは、何度も西洋の街を壊滅寸前にまで追い込んだ。

いまでは、感染症が人類の存亡の危機にまで発展することは稀だ。それは、少なくとも最近の感染については、抗生物質という強力な薬が開発されたせいであり、また、ウイルスについてもワクチンという効果的な予防法が開発されたからだ。後者のワクチンは、人工的に免疫を獲得させる予防法だが、ウイルス感染に悩まされるのは別に人間に限らない。多くの単細胞生物もウイルス感染に悩まされてきた。ワクチンなど開発すべくもない細菌が採用した免疫機構がクリスパーである。クリスパーは、ウイルス性のDNAを発見すると、そのDNAを破壊するタンパクと組にして自分のゲノムに組み込む。そして、再度、ウイルスの侵略が始まったら、すばやくDNA切断タンパクと、かつて覚えたウイルスのDNAから読み出されたRNAをゲノムから読み出して、ウイルスのDNAを切断、破壊して、自分たちがウイルスにやられるのを防ぐ。

自身のDNAである細菌DNAではなく、ウイルスDNAだけを特異的に認識して切断する必要があったので、ウイルスDNAに相当する、ある特定の配列を持ったDNAだけを特異的に切断する機能を進化させた。これを取り出して、多細胞生物のＤＮＡに使えるようにしたのがクリスパーである。これのおかげで、人類は生まれて初めて、プログラムとデータがシームレスに書き込まれたチューリングマシンであるＤＩＧＩＯＭＥに、自由に情報を書き込める「ヘッド」を手に入れたのだ。どれほどの興奮が湧き起こったか想像に難くないだろう。

だが、クリスパーは諸刃《もろは》の剣である。いくら正確といっても、所詮は化学反応ベースのデジタル情報処理系にすぎない。ある割合で意図しない場所のゲノムを意図しない形に編集してしまうことが避けられないことがわかった。

そこで考えられたのがクリスパーでＲＮＡを編集しよう、というアイディアだ。ＲＮＡなら編集しても、影響はその場限りだ。ゲノムを誤って編集してしまったら、その影響は未来永劫《えいごう》残ってしまうし、ゲノムを完全に解読できていない以上、どんな影響が起こるかわかったものではない。こんなものは人間には使えない。

だが、ＲＮＡ編集なら、意図しない部分を意図しない形で編集してしまっても影響はその場限りで罪は比較にならないほど軽い。クリスパーはＲＮＡを狙って切断できるので、ＲＮＡｉ法やマイクロＲＮＡスポンジと同じように、ＲＮＡの機能を阻害できる。マイクロＲＮＡスポンジと違って、マイクロＲＮＡ以外のＲＮＡを標的にできるし、ＲＮＡｉ法に比べたら、標的じゃない

ＲＮＡを切断してしまうこともずっと少ない。これはたぶん、クリスパーがもともと免疫機構に使われていたからだろう。自分のＲＮＡとウイルス由来のＲＮＡを精度よく区別できなかったら自分を誤って攻撃してしまうからだ。

さらに機能停止しかできないＲＮＡｉ法やマイクロＲＮＡスポンジに比べて、クリスパーはＲＮＡ編集ができる。具体的には切ったところに好きな配列を挿入してまた繋ぐことができるのだ。こんなことはＲＮＡｉ法やマイクロＲＮＡスポンジではまったく不可能だから、クリスパーはまさにＤＩＧＩＯＭＥを操作する夢のツールに違いない。ただし、クリスパーによるＲＮＡ編集が実用的なレベルに達したのはここ数年のことで、どんな副作用があるかわからない。数年後にはとても危ないツールとして捨て去られていないとも限らない。

2・12 技術の対象としてのDIGIOME

これまで見てきたように、ＤＩＧＩＯＭＥには、生命体の中で通常起きていることを、人間が丸ごと横取りして技術転用できる、という利点がある。普通はそうは行かない。ヒトは鳥が空を飛ぶのをみて憧れ、空を飛びたいと願ったが、本当に空を飛ぶには回転翼《プロペラ》という自然界には存在しない仕組みを考案しなくてはならなかった。ウマやイヌのように大地を疾走するには四足歩行の代わりに、タイヤ《車輪》を発明しなくてはならなかった。だが、ＤＩＧＩＯＭＥの場合はそうではない。マイクロＲＮＡとＲＮＡｉ法が本質的には同じ現象であったように、また、マイクロＲＮＡスポンジが、人工物でも自然物でもあったように、そして、ＲＮＡ編集という技術が、細菌が本来持っていた免疫機構の丸パクリだったように、ＤＩＧＩＯＭＥを相手にするときには技術と自然現象がシームレスだ。その意味でいままでの技術開発とは全然違うインパクトがこれからも起きる可能性が高いだろう。

　実際、クリスパーをＤＮＡに用いる技術を発明した立て役者の一人、ジェニファー・ダウドナは、最近出版した一般向けの書物の中で、クリスパーを「核兵器」になぞらえてまで警告を発している。いわく、この技術を善に用いるのも、悪に用いるのも我々次第だが、悪用されることを恐れて封印するにはあまりにも貴重な技術すぎると。そのとおりだと思う。

第3章

タンパクのすべて《プロテオーム》

組成を変えずに性質を変える魔法のツール

我々が電子機器から受け取る情報はほとんどすべてデジタルになってしまった。テレビの地デジは「地上デジタルテレビ放送」の略だし、スマホの通信は当然のごとくデジタル。インターネット自体がデジタル通信だから、ＹｏｕＴｕｂｅもストリーミングの音楽配信もすべてデジタルである。

その一方、実際の映像や音声を視聴した我々が、「あ、これはデジタルだな」と思うことは稀だ。スマホの動画配信もストリーミングの音楽も、クリアな画像・音質で、違和感を覚えることはまずない。かつて、溝に刻んだ凹凸というアナログな方法で音楽を記録していたレコードからデジタル信号のコンパクト・ディスク（ＣＤ）への移行が取り沙汰されたとき、「デジタルでは人間の視聴には堪えない」という議論まであったことが嘘のようだ。

この例からもわかるように、いかに記録や情報処理がデジタルであっても、本質的にアナログな装置である我々の目や耳になんの違和感もない映像や音声が再生される。実際、この世の物理的な相互作用はすべてアナログなのだから、元の記録がデジタルでも、現実と関わり合うインターフェースのレイヤーでは、アナログでなくてはならない。

生体内でこのデジタル↓アナログの橋渡しをするレイヤーを担うのがタンパクである。だが、タンパク自身、種類数が塩基の四種類からアミノ酸の二〇種類に増えたとはいえ、所詮は

DIGIOME《ディジィオーム》と一対一対応した（可逆な）デジタルな実体物にすぎない。どうやってアナログな現実に対応しているのだろうか？

3・1　デジタルとアナログを繋ぐ

現実の電子機器では、デジタル信号をアナログ信号に変換するものが必要だ。音声であれば、デジタル信号を空気の振動に変える装置、つまりスピーカーが必要だ。映像であれば、デジタル信号を光に変える装置、つまり、ディスプレイが必要だ。デジタル信号に従って、何かを運動させるには、デジタル信号を電流に変えてモーターを回す必要がある。コンピュータのデジタル信号は電荷の形でコンデンサに蓄えられているから、トランジスターを使えば、容易にそれを電流の強弱に変換できる（そのような仕組みはデジタル回路と呼ばれている）。

DIGIOMEは二〇種類のアミノ酸を繋げた一次元の紐であるタンパクを作り出すことができる。このタンパクは、どうやって我々のアナログな世界と関係しているのだろうか？　それは実は相互作用を通じて、ということになる。

相互作用、という言葉は極めて漠然としている。何かと何かが関係していれば、それは相互作用と呼べるわけだが、実際にはタンパクはどんな相互作用を使って、外界との関係をコントロールしているのか。それは電荷と電荷の間に働く相互作用、つまり、クーロン力、ということになる。

クーロン力というのは、正か負の電荷どうしだと反発し、正と負の電荷だと引き合うあれである。だから、かなり意味は違うけれど、デジタル回路と同じように、タンパクも電気の力を使って外界と関係しているという点では同じである。

ここで電荷というのは通常、我々が「電流」と呼んでいる実体の中で流れているそのもののことだ。実際、いまの科学的に定義された体系の中では電荷の量を表す基本単位クーロンは、一秒間に一アンペアの電流が運ぶことができる電荷の量、として定義されている。流れていないときの電荷に我々がお目にかかることはめったにないが、たとえば、冬場で静電気が生じているとき、ピリッとするのは体と手で触れた物体の間で正または負の電荷の量に差があって電流が流れるからだ。止まっている状態の電荷に我々がめったにお目にかかれないのは、正または負の電荷の量に差があるとクーロン力で引きつけられて正と負の

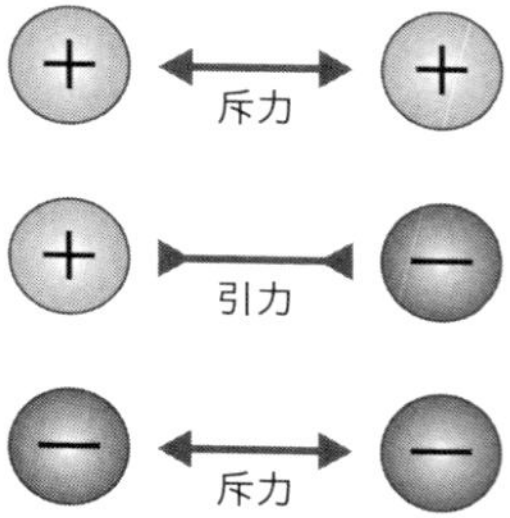

図3-1　クーロン力
同種の電荷の間には斥力、異符号の電荷の間には引力が働く。

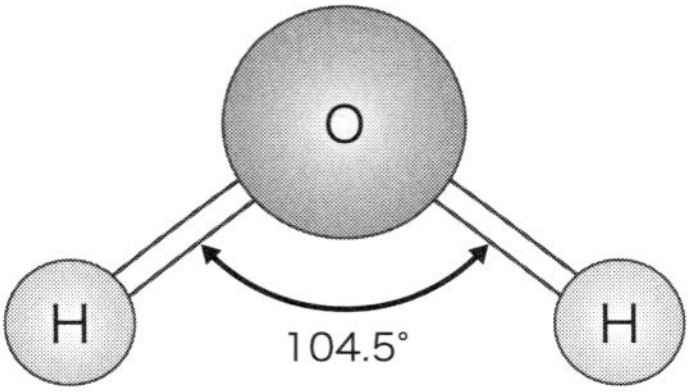

図3-2　水分子の構造
全体は中性だが、O側が負にH側は正に電荷を帯びている。

電荷が合体し、あっという間に中性になってしまうからだ。
デジタル回路とタンパクの大きな違いは、デジタル回路では電流という電気の流れで外界との関係を媒介しているのに対して、タンパクでは電荷と電荷の間に働くクーロン力そのものを使って、外界との関係を媒介することである。一般に何かと何かがくっつくかくっつかないかは、クーロン力で決まっていることが多い。たとえば、ある物質が水に溶けるか溶けないかもクーロン力が決めている。例をあげよう。食塩は水に溶けるが、油は水に溶けない。これもクーロン力で決まっている。水は水素二つと酸素一つでできたV字形の分子であり、全体としては中性である。しかし、内部の電荷分布は一様ではなく、水素がある側、つまり、V字の開いているほうが正、酸素のある側、つまり、V字の閉じているほうが負の電荷を帯びている。だから、水の分子は、開いているほうと閉じているほうが向き合うように並んだほうがクーロン力と整合的であり、実際、そうなっている。

水に何かを溶かす、ということは、この水と水の分子の間に割って入ることになる。もし、割って入る分子が中性だったら、クーロン力で引き合っている水分子の正電荷と負電荷を引き離すことになる。当然、引き離された正と負の電荷の間には引力が働いてもう一度近づこうとするので、結果、割って入ろうとした中性分子ははじき出される。これがいわゆる「水と油」の正体である。一方、食塩は水に溶けると正の電荷を帯びたナトリウムイオンと、負の電荷を帯びた塩化物イオンに分離する。そして、正の電荷を帯びているナトリウムイオンが負の電荷を帯びている酸素側に、負の電荷を帯びている塩化物イオンが正の電荷を帯びている水素側にくっつくことで、クーロン力で引き合っている水分子の間に無理なく割り込むことができる。これが「食塩は水に溶ける」ということの意味である。

タンパクはこのクーロン相互作用を使って外界に影響を与えることで、DIGIOMEに蓄積された情報を、現実に反映させる役目を担っている。タンパクを構成する二〇種類のアミノ酸には正の電荷を帯びたもの、負の電荷を帯びたもの、中性のものがほどよく混じっており、これらをうまい具合に並べることでいろんな物質とくっついたり反発したりすることができるようになっている。これは結構、驚異的なことである。油は水に溶けなくて、食塩は水に溶けるわけだが、そもそも、油と食塩は、構成している原子が全然異なっている。油というのは、基本的に炭素、酸素、水素からなる炭水化物であり、食塩はナトリウムと塩素からなる共結晶である。だから、食塩と油の性質の違いは構成する元素の違いによって引き起こされている。

しかし、タンパクは、同じ元素、具体的には、水素、炭素、窒素、酸素、および硫黄でできているアミノ酸の配列を変えるだけで、水に溶けるタンパクにも溶けないタンパクにもなれる。組成を変えなくても（同じ組成のままで）、物質の性質を変えられるタンパクという素材を見出したのが生命体の大発明で、これなしにはせっかく組み上げたデジタル情報処理系のＤＩＧＩＯＭＥの「計算結果」を使って外界を操作することなどできなかっただろう。そういう意味では、タンパクこそ生命体のスピーカーであり、ディスプレイであり、マニピュレーターなのである。

3・2 進化とＲＮＡワールド仮説

タンパクをデジタルとアナログのインターフェースにするという仕組みをＤＩＧＩＯＭＥはどうやって手に入れたのか？　これはなかなかに難しい問題である。セントラルドグマという仕組みは、ＤＮＡ→ＲＮＡ→タンパクという流れで一セットである。最初から、この三種類が存在していれば問題ないが、この三者のうちどれか一つが欠けているだけでも、機能しない。かといって、この三者が、生命誕生の前に最初から存在していて、それらが偶然出会って生命ができた、とは考えにくい。我々の知る限り、DNAもRNAもタンパクも、生命体だけが生み出せる物質だからだ。それではそもそも、いかにして生命が誕生したのか？

これは生命の起源とでもいうべき難問だが、残念ながら、現在のところ解かれていない謎である。ただ、有力な仮説はある。それはRNAワールド仮説である。まず、RNAはDNA→RNA→タンパク、というセントラルドグマの流れの真ん中に位置する存在である。だから、RNAからDNAを、RNAからタンパクを、という流れは進化の順番としては一番理解しやすい。一方、前章で説明したように、RNA自身がRNAと相互作用する能力を持っていた（例：マイクロRNAや、RNAスポンジ）。だから、RNAワールド仮説では、最初、RNAだけが存在し、RNAどうしが相互作用することで自分自身を複製し、自己増殖という生命機能を最初に獲得した、と仮定する。

その後、RNAよりは安定なDNAという分子が、増殖機能をなくす代わりに記録媒体としてまず独立する。次に（あるいは、同時に）、RNAより多彩な機能を持っているタンパクを作り出すことで増殖機能もタンパクに譲り渡し、DIGIOMEを駆動する化学反応系としての機能もRNAから分離される。これがセントラルドグマの進化のプロセスだったと考える。

RNAからDNAへと記録機能が移行した過程は比較的理解しやすい。DNAとRNAは同じ種類数、四種類の核酸でできた一次元の紐にすぎず、一対一対応があるからだ。これに比べるとRNAからタンパクへの流れは簡単ではなさそうだ。二〇種類のアミノ酸をコードするために、四種類のアミノ酸三個を基本単位としたコドンができた、と言えば聞こえはいいが、実際には、まず、二〇種類のアミノ酸「だけ」を採用するという決定が先にないと、「核酸三個でコドン」という決断ができないし、逆にコドンが核酸三個、というルールが先にあったなら、なぜアミノ酸二〇種類なのか、という疑問が残る。四種類の核酸三個からなるコドンは全部で四の三乗で六四通りあるのだから、もっとたくさんアミノ酸を採用してもおかしくない。

いまのところ、この問題にはっきりとした理由が与えられているわけではない。だが、そこになんらかの進化的な過程が介在したであろうことは想像に難くない。たとえば、RNAが担っていた化学反応を、たまたま、なんらかの偶然で数個のアミノ酸を繋げた短いタンパクのようなものが媒介するようになったとしよう。もし、このRNAからアミノ酸への置き換えで、複製効率が向上すれば、この置き換えは、指数関数的な速度で生命体の世界に広がるはずだ。一回の効率が一〇%しか向上しなくても、一〇〇回分裂する間には一・一の一〇〇乗で一万三七八〇倍という圧倒的な速度向上になるからだ。この繰り返しで徐々にアミノ酸の採用数が増え、機能は複雑化していったのだろう。

最初は核酸一個がアミノ酸一個に対応する形でアミノ酸の配列がＤＮＡの上に記録されていたのかもしれない。だが、きっと何かの偶然で核酸二個でアミノ酸一個を表現することで四の二乗＝一六種類のアミノ酸まで利用できる体系を獲得した個体が出現したのだろう。これがわずかでも増殖効率を上げるなら、同じように爆発的に広がる。そして、次に核酸三つからなるコドンが出現した。

それではなぜここで進化が止まり、核酸四個からなる「コドン」を採用する生物が出現しなかったのか？　それは情報の安定性という観点から理解できる。一般に文字列が長くなれば安定性は失われる。文字列が長くなればなるほど、複製を作るときにエラーが入りやすくなる。我々だって、五桁の数字を書き写すなら間違いなくできても、一〇桁の数字となると注意しないと間違ってしまう。コドンを構成する核酸の数が増えれば、同じ長さのアミノ酸の鎖の情報（配列情報）を記録するのに、より長い核酸の列を正確に記録する必要が出てきて、安定性は失われる。

同様に、タンパクを作るのに必要なアミノ酸の種類数が増えれば、それだけ情報のコーディングが難しくなる。アミノ酸の数だけ転移ＲＮＡを用意しなくてはいけないし、アミノ酸の種類数が増えてくれば似たようなアミノ酸も増えてくる。ＤＩＧＩＯＭＥは所詮、化学反応にすぎないことを考えると、似たような性質の分子が介在することは不利に働いて化学反応の正確さを減じるだろう。

この、たくさんの種類のアミノ酸を扱えたほうが増殖速度を上げるには有利だが、一方で、多種類のアミノ酸を扱おうとすると情報処理の正確さの維持によりコストがかかる、というトレードオフの中で、核酸の四種類よりは数が多く、しかし、一個一個のアミノ酸を表現するのにやたらと長いコドンを必要としない二〇種類のアミノ酸を三個の核酸の組でコードするといういまのシステムがたまたま得られた、とは考えられないだろうか？

同時にこの進化のプロセス自体、機械学習とよく似ているとも言える。機械学習では、与えられた関数系の中で、可能な入力の範囲から、望ましい出力を出すようなシステムが「進化」する。セントラルドグマも、核酸という入力からタンパクという出力を作り出す複雑な関数系であるＤＩＧＩＯＭＥの獲得を通じて達成された、と言ってしまったら言いすぎだろうか？

3・3　タンパクの構造

ＲＮＡワールド仮説が正しいかどうかはさておき、デジタルとアナログを繋ぐインターフェースとしてのタンパクが、進化の結果できあがったのは間違いない。進化を通じてタンパクは、現実とのインターフェースの役目をどう果たす機能を獲得したのか？

たとえば、正の電荷を帯びたアミノ酸、負の電荷を帯びたアミノ酸、中性のアミノ酸を組み合わせるだけで、どうやって水に溶けたり溶けなかったりすることができるのか。そのためにはまず、タンパクの構造がどうやって決まるかを説明しなくてはならない。

タンパクの構造は一次から四次までの四つの階層で理解されている。一次構造はアミノ酸がどのような順番で繋がっているか、ということについての情報である。次が二次構造。二次構造は、タンパクの局所的な構造で、タンパクが螺旋状に配列するαヘリックスと一定の幅で並ぶことで板状になるβシートが代表的な構造である。このαヘリックスやβシートがさらに様々な配置を取ることで立体的な構造を取る。これを三次構造と呼んでいる。最後に、タンパクどうしが複数組み合わさってより複雑な構造を取る。これを四次構造と呼んでいる。

二次構造は現在、コンピュータで非常に正確に予測できる。つまり、タンパクの局所的な構造が、螺旋状なのか、板状なのか、あるいは、そのどちらでもなく、特別な構造は取らないのかは、アミノ酸の並びだけで決まっている、と信じられている。個々のタンパクの立体構造である三次構造や、複数のタンパクが寄り集まってできる四次構造については、残念ながらまだアミノ

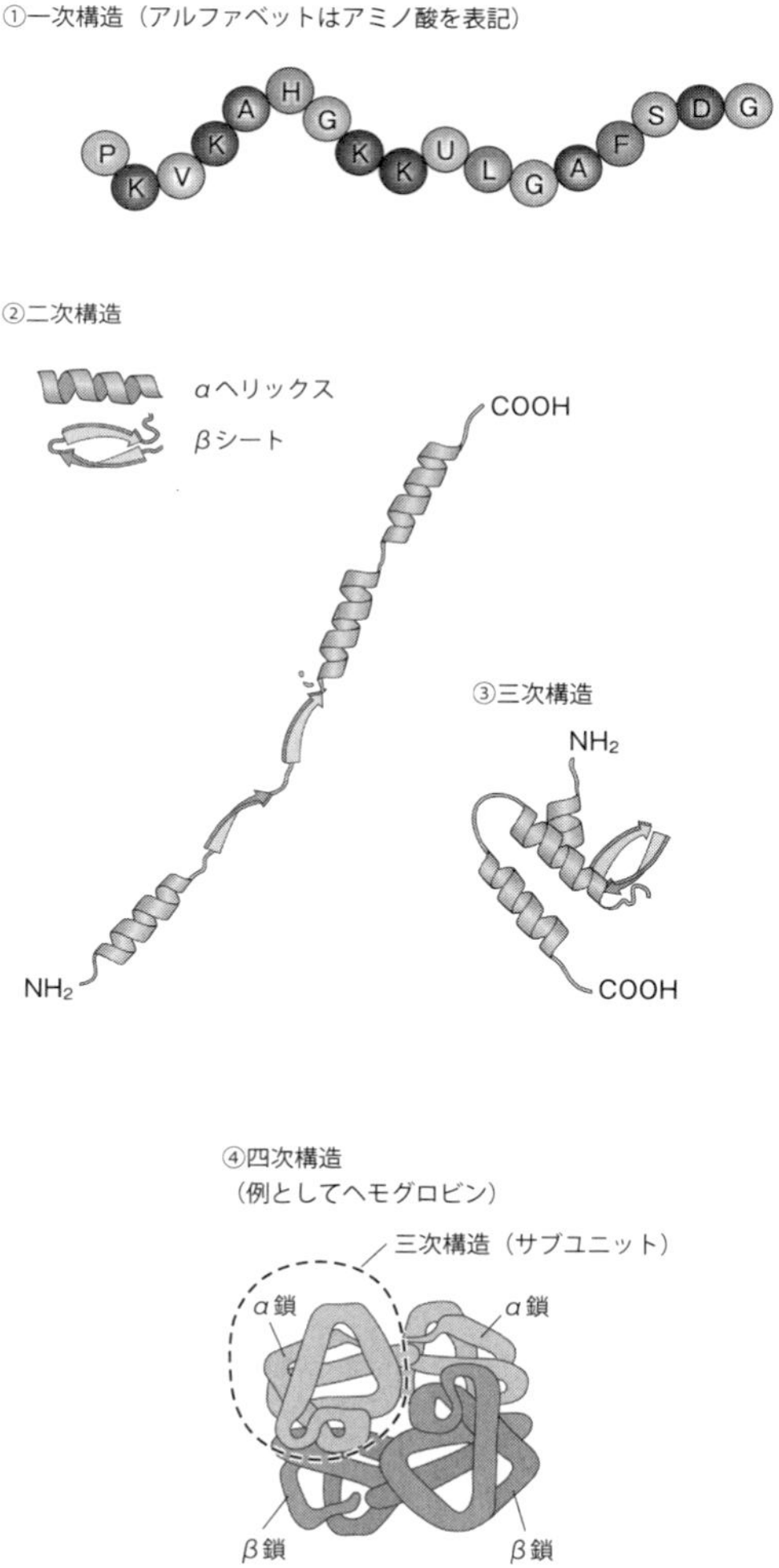

図3-3　タンパクの分子構造
ブルーバックス『新しい人体の教科書（上）』より転載

酸の配列だけから、どんな構造を取るかを計算機で精度良く予測するというようなことは現在はできていない。だが、アミノ酸の配列が同じなのに、三次構造や四次構造が異なっているようなタンパクはほとんど存在しないので、現在、タンパクの立体構造は、アミノ酸配列が決まればほぼ一意的に決まるのだと信じられている。

水に溶けるかどうか（親水性）を基準にした場合、アミノ酸は三種類に分けられる。

1　ナトリウムイオンや塩化物イオンのように正か負の電荷を帯びている場合
2　電荷は帯びていない（全体としては中性）が、水の分子のように電荷に偏りがある場合（分極）
3　油のように中性で電荷の偏りもない場合

この三種類のうち、1と2は水に溶け、3は水に溶けない。

もし、この三種類がまったく秩序なく、ランダムに並んでいると、タンパクは水に溶けやすい部分と、溶けにくい部分がメチャクチャに混じっているので、特定の構造は取らない。だが、たとえば、タンパクの最初の半分は水に溶けるアミノ酸（親水性）、最後の半分は水に溶けないアミノ酸（疎水性）が並んでいるとしたらどうだろうか？　すると、水に溶けないアミノ酸をなるべく水から遠ざけようという力が働くので、水に溶けないアミノ酸がボール状に毛玉のようにくちゃっと丸まった周りを、水に溶けるアミノ酸が被膜状に覆うような構造（図A）を取ったほうがクーロン力と整合性があるだろう。

この構造だと、もちろん、電荷を帯びていないアミノ酸と、電荷を帯びている、または、電荷の分布に偏りのあるアミノ酸が接する必要があり、そこではクーロン力と矛盾した構造にならざるを得ないから、この議論だけから必ずこの構造を取るとは結論できないが、少なくとも、そのような構造を取ることは可能性の一つとしてあり得ることはわかるだろう。

図A
細くて薄い色の線が親水性、太くて濃い色の線が疎水性を表す。

では、電荷を帯びている、または、電荷に偏りのあるアミノ酸と、電荷を帯びていないアミノ酸が、ある長さ、たとえば、五個ずつ交互に並んでいる構造だとどうだろう？　すると、たぶん、五アミノ酸ごとに、外側、内側を交互に繰り返すことで、内側に電荷を帯びた、または、電荷に偏りのあるアミノ酸がむき出しになった中空のボールみたいな構造（図B）を取ることが期待できる。

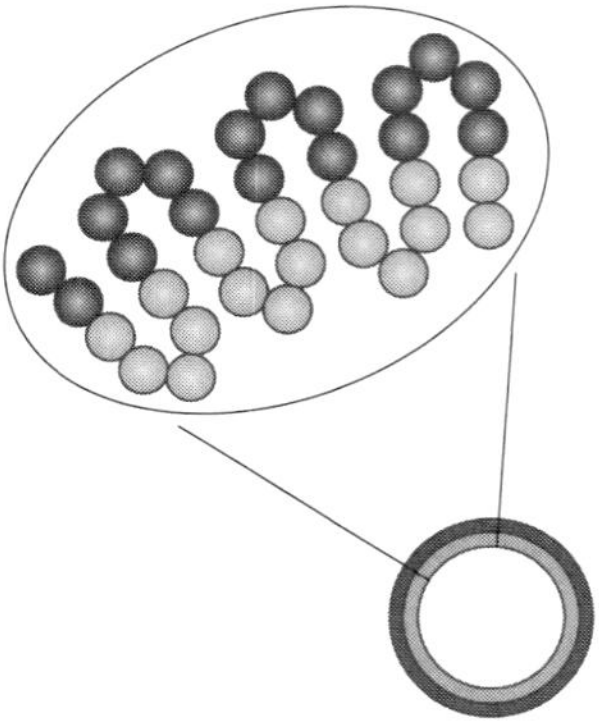

図B
薄い色の◯が疎水性、濃い色の●が親水性を表す。

実際には、ここまで話は単純じゃないだろう。たとえば、水から隔てられ内側に押し込められた電荷を持ったアミノ酸が、みんな、正の電荷を帯びていたら、強い反発力が生じて分解してしまうだろう。それでも、アミノ酸の一次構造（一次元的なアミノ酸の並び順）を工夫することで、元は一次元的なアミノ酸の羅列にすぎないタンパクに、水中で複雑な三次元構造を取らせることができることはわかるだろう。一次元的な紐を三次元的に（ある程度）自由に折り曲げて構造を取らせることができるなら、ある程度任意の三次元的な構造を「設計」できる可能性が開けてくる。1・1でタンパクを、3Dプリンターが紐状の物体を積み重ねて三次元形状を取らせることのアナロジーで説明したが、これは、オブジェなんかでよく見かける、一本の針金を折り曲げてヒトやイヌの彫刻状のアートを作るプロセスとも考えていいだろう。

3・4　タンパクの立体構造

ところが、現在、人類は、「ある配列でアミノ酸を繋いでポリペプチド鎖やタンパクを作った場合、水の中でどのような格好に折りたたまれるか？」という問題を解くことができていない。

意外に思うかもしれないが、一個一個のアミノ酸はたくさんの原子からなっていて、「向き」によって、隣のアミノ酸との相互作用も変わってしまう。疎水性と親水性の議論をしたときには「疎水性のアミノ酸を親水性のアミノ酸で包む」というざっくりしたことを書いたが、親水性のアミノ酸どうし、疎水性のアミノ酸どうしにも相性があり、そのすべてを考慮しないと本当に収まりがいい折りたたまれ方は議論できない。時にアミノ酸数千個になるタンパクの折りたたまれ方を、周囲の水との相互作用を考慮して最適なものを選ぶという計算は現存する最高度のコンピュータをもってしても解けないくらい、複雑な問題なのだ。

タンパクのリバースエンジニアリング問題が難しい理由は他にもある。仮に、構造が予想できても、話はそこで終わらない。どんな物性を持っているかは、他のタンパクや化合物がそばに来たとき、どんな相互作用をするか（引力が働くのか、斥力なのか）がわからなくてはいけない。これは基本的に水の荷電の問題と同じで、どの原子が電子を引きつけやすく、どの原子が電子を引きつけにくいかという問題を解き、タンパク全体でどこに電子がいやすいか、難しい言葉で言うと電子の空間分布密度を計算する必要がある。この計算には量子力学という、理学部・工学部に行っても物理学科を含むごく少数の専門分野でないとまともに勉強しない難しい科学を理解しないといけない。

しかも、意外なことに、「電子がクーロン力で相互作用しながらたくさんあるとき、どう振る舞うか」という量子力学の問題は解けていない。たとえば、原子の構造。正に帯電した原子核の周囲を負電荷を帯びた多数の電子が回っているという原子の構造の描像が正しいとされる。高校

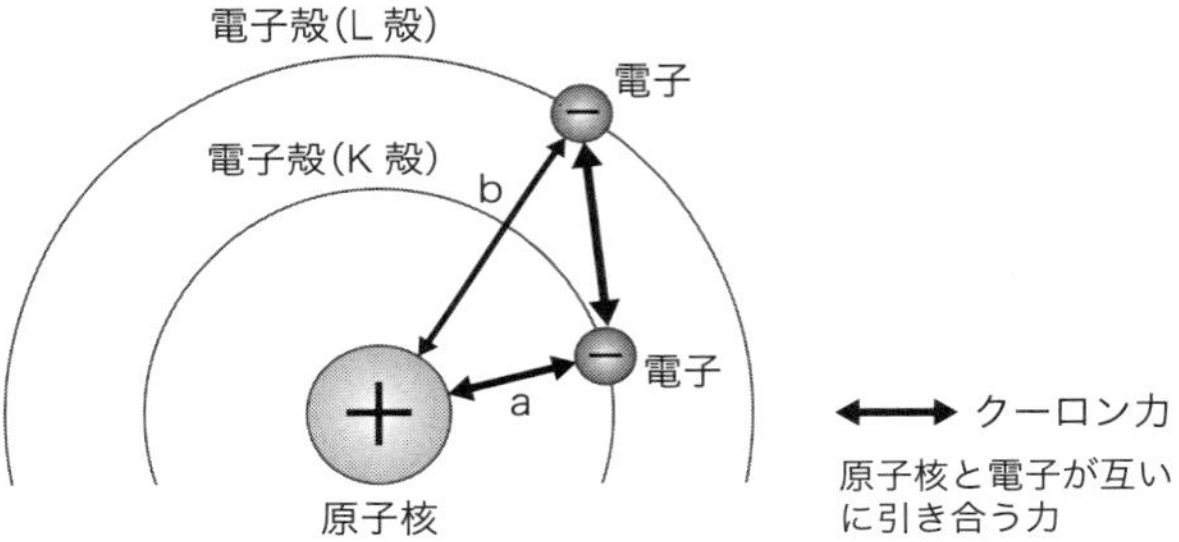

図3-4　原子核と電子の間に働くクーロン力を説明する電子軌道モデル

の物理でも習うくらいだから、多くの人が「問題がちゃんと解けた」から教科書に載っていると思っているが実は違う。

原子核と電子の間にはクーロン力による引力が働いている。引力で原子核の周りを電子が回っている、というと、きっと太陽の周りを回っている惑星を思い浮かべるので納得感があると思うが、実は、太陽の周囲を回る惑星の運動と、原子核の周囲を回る電子の運動の間には本質的な違いがある。それは、惑星どうしの間に働く万有引力の大きさは太陽と惑星の間に働く万有引力の大きさに比べると無視できるほど小さいが、電子と電子の間に働くクーロン力の大きさは、原子核と電子の間に働くクーロン力の大きさに比べて無視できるほどは小さくない、ということだ。

太陽系の場合は、太陽が惑星に及ぼす引力は本当に圧倒的で、惑星間の引力はほとんど問題にならない。一番「重い」惑星である木星の質量でさえ、太陽の質量の一〇〇〇分の一しかない。万有引力は星の質量に比例するから、太陽が惑星に及ぼす引力の大きさは、一番大きな惑星である木星が他の惑星に及ぼす重力の一〇〇〇倍大きい。そして、惑星は全部でたかだか一〇個しかないから、惑星が自分以外の惑星から受ける引力は全部合わせても太陽が惑星に及ぼす重力の一〇〇分の一もない。実際には、木星以外の惑星は太陽の一〇〇〇分の一よりずっと軽いから、一〇〇分の一よりもっとずっと小さい。

ところが、原子番号Zの原子の場合、電子間斥力と原子核—電子間の引力はZ倍しか違わない。なぜなら、原子核の正電荷の大きさは電子の負電荷のZ倍しかないからだ。原子番号Zは最大でも一〇〇程度、普通に我々の身近にある元素だと数十である。万有引力が惑星の質量に比例したように、クーロン力は電荷の大きさに比例している。だから、電子と電子の間に働くクーロン力の大きさは原子核と電子の間に働くクーロン力の大きさのZ分の1もある。さらに、一〇個しかなかった太陽系の惑星とは違い、電子の数は必ずZ個ある。ある電子に注目したとき、自分以外の電子の個数はZから一を引いた数なので、結局、電子が原子核から受けるクーロン力の大きさは、電子が自分以外の電子から受けるクーロン力の大きさとほぼ等しい。こんな状況では、「原子核の周りを回っている電子」という描像はまったく成り立たない。太陽系だって、惑星の質量が、太陽の質量の惑星個分の一、つまり、一〇分の一の大きさだったら、「太陽の周りを惑星が回る」なんて運動を何十億年も安定して維持することなどできないのだ。

高校で学ぶ程度の「単純な」原子の構造さえちゃんと計算できないのに、数千個のアミノ酸のチェーンであるタンパクが複雑に折りたたまれたタンパクの内部の電荷分布なんてまったく手が出ないのは想像に難くないだろう。電荷分布がわからないのでは、タンパクとタンパク、タンパクと他の分子の間の相互作用＝働く力を知ることはできない。

3・5　タンパクの機能と構造

というわけで、タンパクについては、まだまだわからないことだらけである。それでも、わかっていることについて説明してみよう。とりあえずは、三次元構造を取ったタンパクがどんな機能を持っているか（実現したか）を説明する。

3・5・1　受容体《レセプター》

最初に説明するタンパクの機能は受容体《レセプター》である。受容体は、機能的にはセンサーの役目をする。つまり、何かを検出するわけだ。センサーと言うと言葉は大げさだが、ビデオカメラとか、マイクだって立派なセンサーではある。要するに外界の情報を検出するものはみなセンサーだ。

それでは、アミノ酸の長い紐が構造を作って三次元的な実体になったタンパクはどうやってセンサー機能を実現するのか。その鍵は、タンパクの構造がクーロン力で維持されている、というところにある。タンパクの構造はがっちり糊付けされたフラジャイルな構造ではなく、ゆるく結合したロバストな構造だ。実際、コンピュータ・シミュレーションでタンパクの構造を計算してみると水の中でゆっくりと揺らいでいる。

タンパクの構造はクーロン力で決まるのとはあべこべに、「なるべく勝手な（ランダムな）配置になりたい（専門的にはエントロピーが大きくなりたい）」という傾向があり、その二つのせめぎあいで決まっているのでかなり柔軟性がある。

タンパクは、この柔軟性をうまく使って自らを受容体として機能させている。たとえば、「ある特定の物質があるかないか」を検出するセンサーとして機能したい、としよう。その場合、タンパクはまず三次元的に折りたたまれたときに、その物質が嵌《は》まるようなポケット状の構造ができるようにアミノ酸配列を工夫する。そのポケットに問題の物質が入ってくると、その物質とポケットの間に働くクーロン力で引き合ってしっかり嵌まるようにしておく。すると、その影響でポケットが閉じたり開いたりする。タンパクは一本の紐であり、一体で繋がっているので、どこかの構造が変化すると、他の構造も影響を受けて微妙に変化する。

これはちょうど、針金を折り曲げて作ったイヌの彫刻のオブジェの、口のところを強引に広げたら、周囲の顔の部分も微妙に変形する、というのとよく似ている。

で、この「物質がポケットに入ったら微妙に構造が変化する」ところに別のポケットを作っておき、微妙に構造が変化するとそのポケットが開閉して別の物質をくっつけることができるようにしておけば、これで「Aという物質が入ってきたらBという別の物質を取り込む」という立派なセンサーのできあがり、というわけだ。

話が抽象的でわかりにくいかもしれないので一つだけ例をあげよう。次ページの図3－5は●で表現された分子の結合を感知するセンサーの構造の例である。●がタンパクにくっつくことでだらんと垂れ下がっていたⅡと表現されたタンパクの部位が首を起こして立ち上がり、Ⅱの部位どうしが対面してくっつくようになる。この結果、二つのタンパクが結合して機能を発揮できるようになる。●の分子自体は小さく、引き起こせる構造変化も「Ⅱの部位が起き上がる」だけだが、その結果は二つのタンパクの結合能を変えて、タンパクが二つ結合して初めて生じさせることができる機能を発現させる、という帰結に持ち込める。まさに、微小電流を増幅してスピーカーを鳴らすほど大電流に変えることができるトランジスターのような役目を、受容体タンパクが

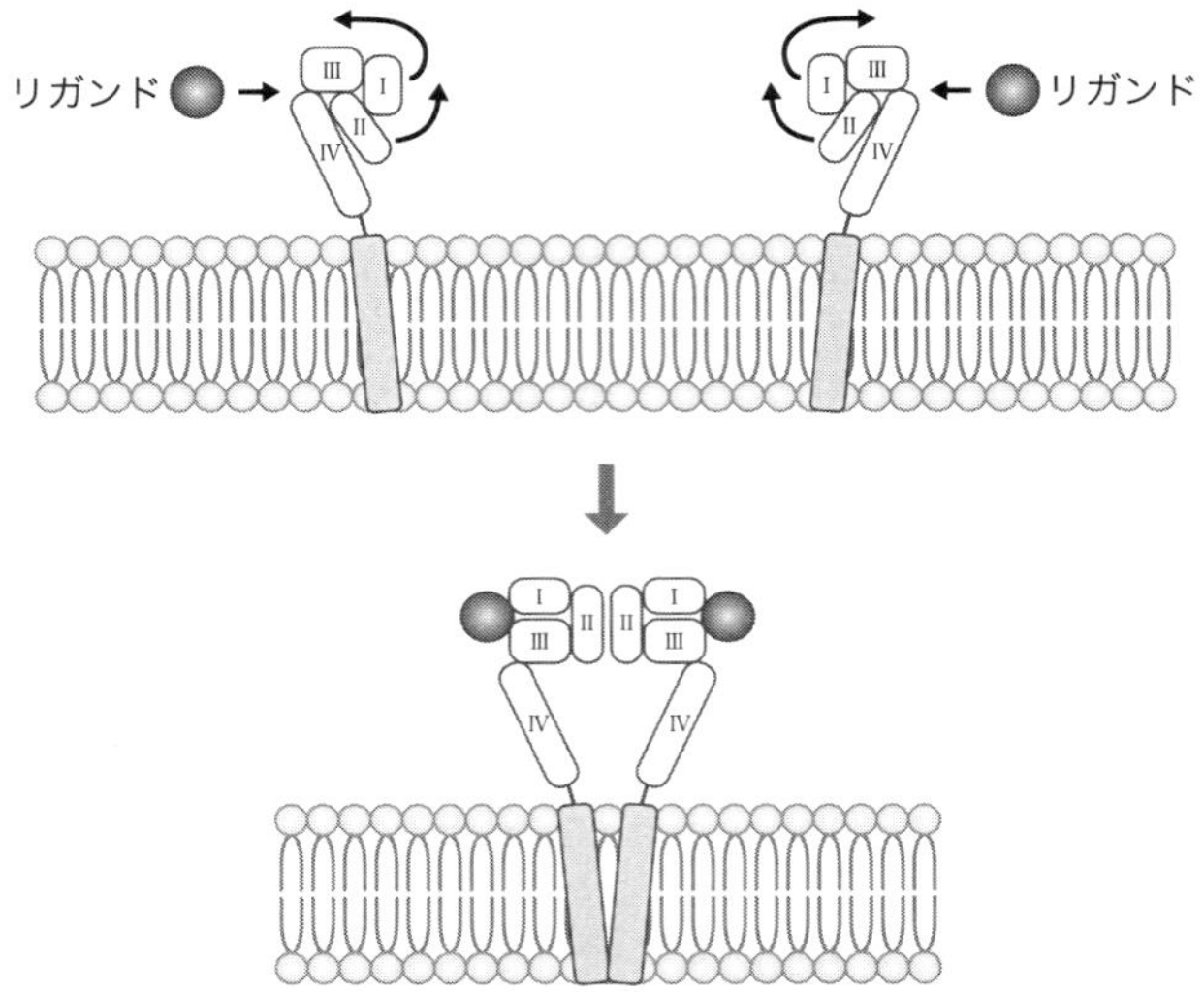

図3-5　タンパクの構造変化によって、受容体タンパクの機能が発現する

果たしていることが窺われるだろう。

生物が作り出したタンパクでできた化学センサーは数限りないが、中でも白眉ともいえるのが、私たちの目の中にある光センサーだ。いまのデジタルカメラは「光が入ってくると電流が流れる」素子を使って、光を検出している。それを面上にびっしり並べて撮像するわけだ。目の場合は、（ある特定の波長の）光が入ってくるとそのエネルギーを吸収して、微妙に構造が変わる受容体タンパクを撮像素子の代わりに使っている。光は電磁波で、電場と磁場でできているので、クーロン力の結合具合に影響を与えて構造変化を引き起こすことができる。

光センサーのタンパク受容体は、デジタルカメラのＣＣＤのように最初から物質センサーとして機能するような意図を持って設計されたわけではない。実際、我々の網膜で光センサーとして機能しているタンパクとそっくりなものがバクテリアにもあることがわかっている。バクテリアに目があるわけはないから、我々の目の光センサーを担うタンパクは、最初は全然別の目的で作り出されたことがわかる（おそらくは光からエネルギーを取り出すタンパクとして）。進化の過程で、偶然生み出された光からエネルギーを作り出すタンパクが、巡り巡って我々の網膜で働く光センサーになった。そのような光受容体を持った生物が生存に有利だったことから、その設計情報がＤＩＧＩＯＭＥに保存され、子孫に受け継がれてきたにすぎないのである。実際、洞窟などに目のある生物が閉じ込められ、光のない環境に置かれてそのまま進化を強いられた場合に最初に失われるのは目の機能だ。「目」というのは維持するにはコストがかかる器官で、暗闇で生活することになって光センサーが無用の長物になったら、さっさと捨て去るほうが進化的に有利だから、すばやく目の機能が失われる、と考えられている。

　残念ながら受容体タンパクは化石になって残るわけではないので、生命体が進化の過程のどこの時点でタンパクを受容体＝センサーとして使う技を獲得したのかについての直接の証拠はない。だが、それでも、前述のように、単細胞生物である細菌にも我々の体内にある受容体と似たものは存在するので、進化のかなり初期から、生命体はタンパクを受容体＝センサーとして使うことを覚えたのだと思われる。

センサーというからには、ポケットにくっついた物質がそのままずっとくっついていたのでは都合が悪い。また、なんでもかんでもくっついてしまったのではこれまたセンサーの役目をしないので特異性も重要である。一度くっついた物質が、簡単に離れてくれること（可塑性）と特異性はタンパク質に働くクーロン力についての同じ性質を使って実現されている。それはその力が「弱い」ということだ。弱い、とは何に比べて弱いか。タンパクにしろ核酸にしろ、分子（アミノ酸、または塩基）が一次元的に繫がった物質だった。この結合はとても強い（専門用語では共有結合という）。これに対して、タンパクの構造を作っているクーロン力、受容体タンパクと結合物質の結合を担っているクーロン力はとても弱い。弱いから遠くまで届かない（原子の大きさの数倍くらい）ので、受容体の形と結合する物質の形は注意深く一致させておかないと十分そばに来ることができず、くっつけない。これが鍵と鍵穴のような関係になって、受容体タンパクのセンサーとしての特異度を上げている。

同時に、弱くて遠くまで届かない力なので、引き剝がすのも簡単で検出が終わったら結合した物質をまたリリースして待機状態に戻ることができる。ＤＩＧＩＯＭＥのデジタル情報で外界と相互作用するのに、このような「弱い近接力で相互作用するタンパク」という実体を見つけたのはじつに生物の優れたところだと言えるだろう。

ちなみに、人間が赤、青、緑の三色の光しか（本当は）見ることができず、それ以外の色はこれらの中間色として認識していることは有名（だから、いわゆるカラーディスプレイは実際にはこの三色の光を強弱を変えて放射して人間の目に色を「錯覚」させているだけで、本当にいろんな色の光を放出しているわけではない）だが、なぜ、この三色しか見えないかというと、人間が持っている光受容体が三種類で、それらのタンパクと相互作用できる光の波長がたまたま赤、青、緑の波長に一致しているからである。光受容体タンパクの種類がもっと多ければ、もっといろいろな波長が見える。たとえば、ミツバチは、黄、青緑、青、紫、紫外線の五色を認識でき、他の色をこれらの中間色として認識している。だから、赤、青、緑の光しか発しないいわゆるフルカラーディスプレイをミツバチが見ても、僕らが見ているような「色」を見ることはできず、なんだかわけのわからないぐちゃぐちゃな模様しか見えないだろう。

3・5・2　酵素

触媒、という言葉を聞いたことがあるだろうか？　聞いたことがなくても、小学校のときに二酸化マンガン（MnO_2）に過酸化水素水（H_2O_2）を加えるという実験をした記憶はないだろうか？　二酸化マンガンは黒色の粉末でそこに過酸化水素水を加えると酸素（O_2）が発生する。

$$2H_2O_2 + MnO_2 \rightarrow 2H_2O + O_2 + MnO_2$$

小学校の理科の実験で酸素を手軽に手に入れるために採用されている実験だ。これは一応、化学反応の一種として学んだと思うのだが、別に過酸化水素水と二酸化マンガンが反応して酸素が出ているわけではなく、過酸化水素水が「勝手に」水（H_2O）と酸素に分離しているだけである。じゃあ、二酸化マンガンは何をしているのか、というと、実は「過酸化水素水が勝手に水と酸素に分かれるのを起きやすくしている」のである。過酸化水素水が勝手に水と酸素に分かれる、といっても、本当に勝手に水と酸素に分離してしまうのでは、理科の実験で酸素を発生させるのに使えない。そこで普通の状態では過酸化水素水は安定だが、二酸化マンガンを加えることで反応を加速して水と酸素に分離させる。このような自分自身は化学反応に関係しないが、そこにいることで反応を加速する物質を触媒という。

酵素、という言葉も、よく聞く言葉ではなかろうか。たとえば、消化酵素。人間はタンパクを

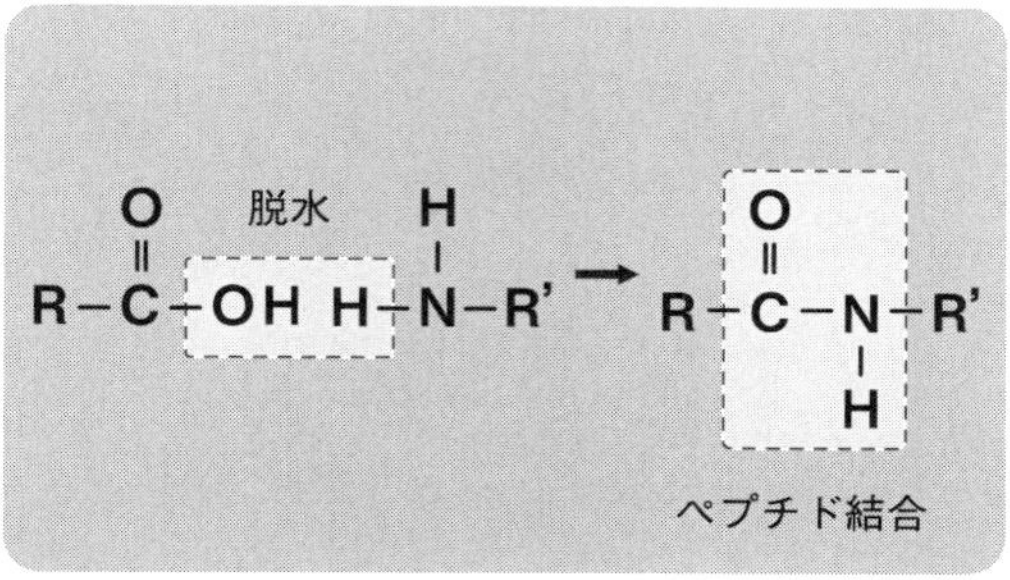

図3-6　脱水反応

食べてもそのまま吸収はできない。アミノ酸にバラバラにしなくてはならない。この分解反応を促進するのが胃液の中にある消化酵素である。消化酵素自体はタンパクをアミノ酸にバラバラにする反応には直接関わらないが、過酸化水素水を水と酸素に分解する二酸化マンガンのように、タンパクをバラバラのアミノ酸に分解する反応を促進する。つまり、酵素は触媒の一種である。

アミノ酸が結合してタンパクができるときは隣りあったアミノ酸から水酸基（OH）と水素基（H）が分離されて水（H_2O）ができる代わりにアミノ酸が結合するペプチド結合という反応が起きる（脱水反応）。消化酵素はこの反応を逆転し、水を一分子使ってアミノ酸の結合を切る反応（加水分解）の触媒となる。

この酵素、実はタンパクでできている。ＤＩＧＩＯＭＥは化学反応を利用したデジタル情報処理系だ。この化学反応の部分を担っているのが酵素である。そもそも、化学反応はAという分子とBという分子がバラバラでいるより、一緒になってABという分子を構成したほうがエネルギー的に得だから、A＋B→ABという化学反応が進む（あるいはその逆）というプロセスである。

こんなことを書くと化学反応は一方向的にどんどん進んでしまって、デジタル情報処理に使えなさそうに思える。そこで酵素の出番となる。AとBがくっつけばいい、といっても、そもそもAとBがそばに来なくてはくっつきようがない。この「AとBがそばに来る」というのは案外難しい。というのは、AとBは別に惹かれ合っているわけではなく、たまたまそばに来たら反応します、というだけだからだ。AとBという分子は化学反応が進まない場合には、そもそも、そばにいるだけではなんの得もない（エネルギーのゲインがない）場合も珍しくない。こうした場合は、本当にたまたま正面衝突したら化学反応します、というくらいのノリなのだ。

しかも、AとかBという分子自体は「拡散」という運動をしていて本当にただでたらめに動き回っているだけである。広い部屋に人がひしめいていて、AさんとBさんがたまたま出会えたら商談成立します、とかだったら絶望的なのは明らかだろう。そこは当然、「紹介者を介して」となるに違いない。この「紹介者」に相当するのが酵素である。紹介者たる酵素Cは、分子Aとも分子Bとも親和性が高い。AやBはCのそばにいることで結果的にお互いがそばにいることになって化学反応する可能性が高まるわけだ。

ここで酵素がやっていることは基本的に受容体タンパクと同じである。クーロン力でくっついたり離れたりする形を、アミノ酸配列を工夫してうまく設計し、化学反応を促進させる。クーロン力でくっつくという同じ戦略を丸パクリして全然別の目的に使っているのだから畏れ入る。実際、スピーカーや、ディスプレイや、マイクを、別途入出力機器として準備すればいいデジタル情報処理系に対して、DIGIOMEはそのあたりも含めて自前でなんとかしなくてはいけない。機能の使いまわしで全然別の用途にタンパクを使っているのはじつに賢い。

はたして、タンパクのクーロン力でくっつくという機能は、最初に受容体として実装されたのか、はたまた、酵素として実装されたのかじつに興味深いところだが、残念ながらこの点についての研究は存在しないようである。

3・5・3 抗体

タンパクのクーロン力でくっつくという力を活用しているもう一つの仕組みは抗体である。抗体、というのは一般的には解毒剤みたいなイメージじゃないだろうか？　ウィル・スミス主演のハリウッド映画、『アイ・アム・レジェンド』では、主人公がラスト近くで、自分が発生を防げなかった伝染病《パンデミック》の治療薬となる抗血清（血清は血液が固まるときに分離する黄色・透明の液体。免疫抗体を含む）を、自分の命と引き換えに女性に託して逃がすシーンが描かれている。これは感染して発症しなかった人間の血液には、病原体を無力化する「抗体」が含まれているからだ。もっと現実的なところでは、ハブ毒の治療薬もやはり抗血清である。なぜ、抗体が含まれている血液が治療薬になるのか？

人間の体には免疫という仕組みがあり、体内に入ってきた異物を攻撃・破壊して排除することができる。ただ、問題は、すべての異物を排除していたら生きていけないということだ。たとえば、摂取した食物は人体にとって異物である。何かを食べるたびに免疫が発動して攻撃していたのでは体が持たない。

そこで、人体にとって有害な異物を選択的にマークする必要がある。いわば「これは危険です」と付箋を貼るようなものだ。この付箋に生命体はタンパクを使っている。これまでの節で説明したように、タンパクは物質特異的にくっつく機能を持っている。これを使って「人体に有害な異物」にくっつくタンパクを作り、ペタペタ貼っていけば、免疫機構はそれを目印に攻撃対象を絞ることができる。

『アイ・アム・レジェンド』でウィル・スミス演じる主人公が自分の命と引き換えに守ったの

は、伝染病に感染しても発症しなかったヒトの血液である。発症しなかった以上、ウイルスに「これは危険物です」と付箋のごとく張り付くことができるタンパク＝抗体が含まれているはずなので、抗体を注射すれば免疫のない人も免疫を獲得して感染しても発症しなくなる。

ハブ毒の抗血清も同じだ。致死量以下の毒を動物や人間に注射し、ハブ毒にくっつく抗体ができるまで気長に待つ。で、抗体ができたころを見計らって血液を取り出し、精製して、抗体が含まれている抗血清を作る。ハブに嚙まれた場合は、この抗血清がほぼ唯一の治療法だ。

ただ、抗体の場合は、酵素や受容体と異なった側面がある。それは、酵素や受容体は「何にくっつくか」があらかじめわかっているので、その標的にくっつくようにタンパクを設計することが可能なのに対して、抗体の場合はくっつく相手が未知だ、という点である。ハブに出会ったことがない個体が「ハブ毒が来るはずだからそれにくっつく抗体をタンパクで作っておこう」なんて無理だ。だから、「すでにハブに出会った（嚙まれた）個体」の体から、抗体を含む血清を取り出して注入してもらうしかない。まして、この世にいまだ存在しない、『アイ・アム・レジェンド』に登場する疫病の抗体なんて作れない。まだ、病気が存在さえしていないのだから。

この問題を回避するため、あらかじめ抗体を用意するのをあきらめて、「相手」と出会ってから準備するという方法に方針転換した。そのためには、候補の数を絞らなくてはいけない。そこ

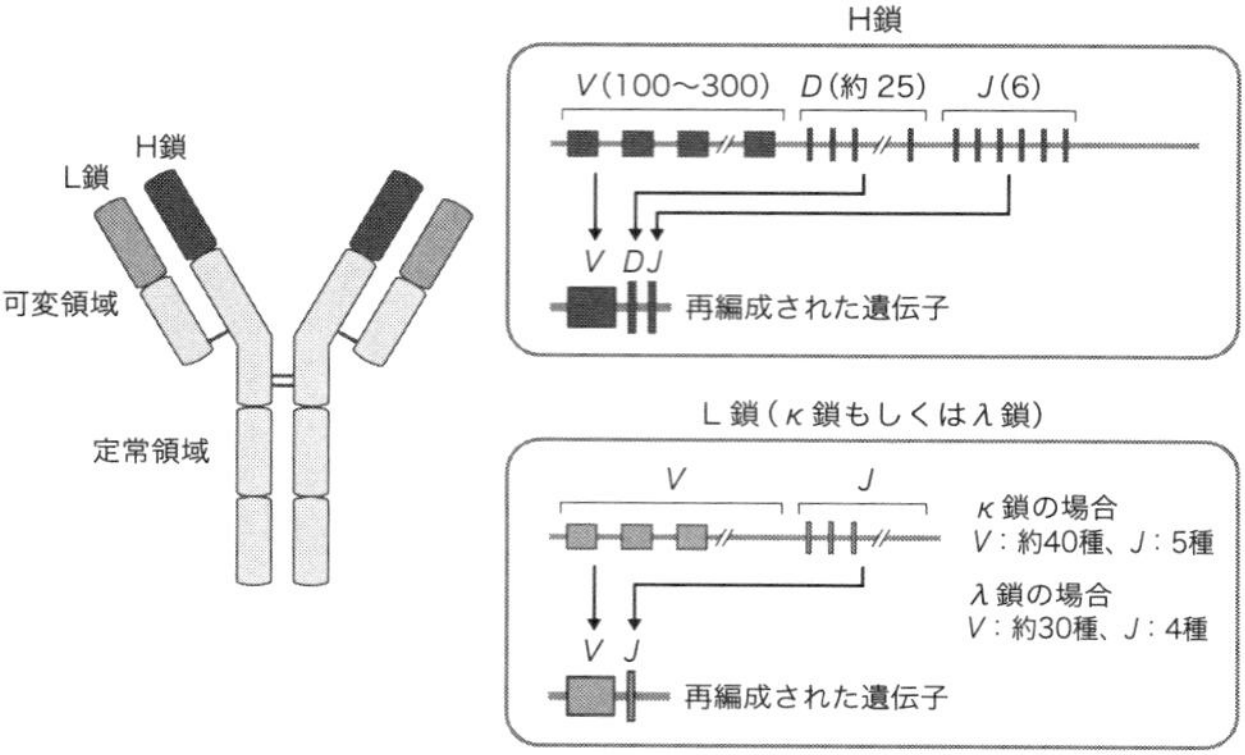

図3-7　抗体タンパクは、H鎖とL鎖を組み換えることで数億通りのパターンを生み出すことができる。

で、まず、形の最適化を諦めた。その結果、抗体タンパクはなんにでもくっつくことが期待できるY字形に統一され、クーロン力でくっつくほうだけに特化した。しかし、それでも問題は解決しない。未知の異物が入ってきてから順番にタンパクを設計して試していたのでは間に合わない。必然的に、すべてのアミノ酸の配列はゲノムに書いておかなくてはならない。しかし、この世に何種類あるかわからない異物すべてにくっつくタンパクを全部ゲノムに書いていったら、あっという間に場所が足りなくなる。この問題を回避するため、抗体を作る細胞のゲノムは意図的に分裂するたびにシャッフルされることになった。

　Y字形の抗体タンパク質のH鎖とL鎖が可変部分であり、抗原との結合能を実現する部分だ。H鎖はV（約一〇〇～三〇〇種類）、D（約二五種類）、J（六種類）

の三つの部分からなり、全体で数百×二五×六＝数万種類の組み合わせが可能であり、L鎖はさらにκ鎖とλ鎖からできており、κ鎖はV（約四〇種類）、J（五種類）からなっているので全部で約四〇×五＝二〇〇通り、λ鎖はV（約三〇種類）、J（四種類）からなっているので全部で約三〇×四＝一二〇通り、H鎖とL鎖全体では数万×二〇〇×一二〇＝数億通りという膨大な抗体タンパクを作ることで、どんな抗原とくっつくことを強いられても一個くらいはくっつける抗体が作れるようになっている。

数億種類もの抗体を実現するのは難しいように思えるかもしれないが、一個一個の細胞が別々の抗体タンパクを作れるうえに、倍々で増えていくのだからあっという間に膨大な種類数のタンパクが作れる。実際、二の三〇乗は約一〇億なので、三〇回も分裂すれば余裕で作り得る全パターンの抗体を持った細胞を準備できる。いったんできてしまえば、あとはこれを片っ端から異物にぶつけて、くっつくやつがまぐれ当たりで見つかるまで繰り返せばいい。

抗血清が重要なのはこのためだ。この気が遠くなるような非効率なシステムでは、「当たり」を引くまでに膨大な時間がかかり、異物がもたらす害毒が強力な場合は、その前に生命体そのものが異物にやられてしまうだろう。

だが、抗血清には、すでに膨大な試行錯誤で見出された異物にくっつく抗体タンパクが大量に含まれている。抗血清を注射することで生命体は、抗体をまぐれ当たりで探す気が遠くなるようなプロセスをすっ飛ばして、いきなり、免疫による攻撃に移れるのだ。

　クーロン力でくっつくという単純なタンパクの仕組みをこんなふうに援用したのは見事と言うしかないだろう。ちなみにこの見事な仕組みはさすがに（アゴのある）脊椎動物にしかない。昆虫などの無脊椎動物（やアゴのない脊椎動物）にはこの仕組みはない。だから、クーロン力でくっつくという単純なタンパクの仕組みの応用例としては非常に高度で、さすがの生命体も進化のごく最近の段階まで実装できなかった仕組みだと言えよう。ちなみに、自然免疫と呼ばれる、もっと原始的な免疫の仕組みは無脊椎動物（やアゴのない脊椎動物）も持っている。

3・6 薬とは何か？

　世間には薬というものが存在する。病気になると飲んだり注射したりするあれだ。薬は、体内に取り込まれることで生命体の（マクロ《巨視的》な）状態を変化させる物質だと定義することができる。その意味では毒も薬である。毒薬、という名前は伊達ではない。主観的な意味で改善すればその物質は薬だし、悪化すれば毒薬だ。その間に明確な区別はない。実際、薬の副作用というものは、本来は薬（＝改善を促すもの）のはずが毒（＝悪化を引き起こすもの）になってしまうことの実例に他ならない。

薬がありふれているので、薬が存在すること自体、当たり前になっているが、冷静に考えれば人間みたいな複雑な生命体の状態が、たった一種類の化合物を投与するだけで変わってしまうというのは結構、驚きなのではないか。なぜ、そんなことが可能なのか？

薬というのは決して、近代になって出現したものではない。たとえば漢方薬というのは、中国文明が長い間の経験則に基づいて見つけた、治療に用いることができる天然の化学物質の集合体である。経験則、というと怪しげな感じがするが、その点では西洋医学も五十歩百歩で、その作用機序がわかったのはごく最近の話だ。薬、というか、化合物が人間の状態を変化させるときに最も頻繁に標的とするのは実はこのタンパクが持っている相互作用＝クーロン力で他のものとくっつく、という力なのだ。タンパクがクーロン力で何かの化合物にくっつくというのは特別なことではなく、体の中で普通に起きていることであり、薬はその仕組みをうまく援用しているにすぎない。

そのような例をあげよう。人間の血液の中にはヘモグロビンというタンパクが含まれている。このタンパクの機能は、肺で酸素を取り込み、体中の細胞に届けることだ。そのために、ヘモ

図3-8　ヘモグロビンの構造
4つのタンパク（サブユニット）がクーロン力で一体になり、四次構造を形成する。

グロビンもクーロン力を利用している。ヘモグロビンがくっつく相手は、酸素分子である。そして、ご多分にもれず「弱い結合」のパワーをフルに活用している。相対的に酸素が多い肺で酸素分子を取り込み、比較的に酸素が不足している体細胞で酸素を放出する。こういう器用なことができるためには酸素分子とヘモグロビンの結合が「そこそこ強い」程度でないといけない。そうじゃないと、肺で酸素を拾ったが最後、細胞に行き着いても「手放せない」からだ。周囲が高酸素濃度なら、酸素を取り込み、低酸素濃度なら放出する、という機能を果たせない。その意味では、ヘモグロビンタンパクもまた、タンパクのクーロン力でくっつく力の応用例にすぎない。

ヘモグロビンはすべての脊椎動物に存在する。よくまあ、こんな都合のいい性質を持ったタンパクを見つけたものだ、と思うが、そこは生物進化の過程での、気が遠くなるほどの試行錯誤のなせる業だろう。ヘモグロビンと酸素分子の結合についてはもう一つ、重要な性質がある。それは、ヘモグロビンは酸素分子と特異的にくっつく必要があるということだ。そうじゃないと、酸素分子以外の役に立たないものを細胞に運んでしまう。その意味で、ヘモグロビンも、特異的だけど、弱い、というタンパクの他者との結合の特質をフル活用しているわけではある。

だが、まあ、有り体に言って、本当は「特異的で弱い」という結合を実現するのはそんなに簡単ではない。日常的なことを考えたら、「〇〇にしかくっつかないテープ」なんてそうそうないことから考えても、わかるだろう。最悪の場合、進化の過程では出会わなかった、この世には存在しない物質とは（試したことがないから）強く結合してしまうことはあるかもしれない。

そして、不幸なことにそういう物質はある。それは一酸化炭素だ。一酸化炭素は、その名のとおり、日常普通に存在する二酸化炭素の酸素が一個外れたものである。この一酸化炭素は、ヘモグロビンに非常に強くくっつく。そして、一酸化炭素がくっついたヘモグロビンはもはや酸素を吸着しない。そして、「強く」結合すると、酸素分子と異なり、一度ヘモグロビンにくっついたが最後、一酸化炭素は容易なことではヘモグロビンから離れない。

どうなるか。

一酸化炭素をある程度以上高濃度に含んだ空気を吸い込むと、体中のヘモグロビンは、酸素をそっちのけで一酸化炭素を取り込んでしまう。そして、酸素を運ぶのをやめる。結果、その生物は酸素がたくさんある空気を呼吸しながら、酸欠で窒息死する。

なぜ、ヘモグロビンはこんな厄介者と結びつく能力を持ってしまったのか。それはたぶん、一酸化炭素とヘモグロビンは長い進化の過程でめったに出会わなかったからだ。出会っていたら、ヘモグロビンは一酸化炭素を避けるように進化したはずだ。その理由は、一酸化炭素の発生する最も大きな理由が不完全燃焼だからだろう。不完全燃焼、つまり、火、である。人間が火を作る能力を獲得するまで、火は山火事などの稀な場合を除けば、自然界には存在しなかった。ヘモグロビンが一酸化炭素に出会って「これはまずい」と思う機会はまずなかっただろう。まして、最初の脊椎動物は海で生まれた。海、つまり、水中である。火があるわけがないではないか?

火事で人が死ぬ場合、直接焼死するというのは必ずしも多くはない。また老人ならともかく、若い人までが往々にして火事で亡くなっている。なぜか。それは火事で発生する大量の一酸化炭素が人を殺してしまうからだ。たいていの火事は密閉された屋内で発生する。火事はすべてを燃やし尽くす前に屋内の酸素のほうを使い切るのが常で、その結果、不完全燃焼が起き、一酸化炭素が発生して、それが人を殺す。一酸化炭素こそ（この場合は猛毒なのだが）、タンパクの「クーロン力でくっつく」力に干渉して、生命体の全身症状に影響を与える（この場合は、窒息死）化合物である薬の代表例に他ならない。

3・6・1　オプジーボ（ニボルマブ）

この本を手に取るくらいの読者なら、オプジーボという名前を聞いたことがあるだろう。オプジーボは製品名で物質名はニボルマブである。オプジーボは従来は治療しようがなかったがんに効く二〇〇個超のアミノ酸が連なった「短い」タンパクである。つまり、薬といっても、化合物ではなく、タンパクが薬として機能しているわけだ。オプジーボの作用機序はちょっとおもしろいので、詳しく説明してみよう。

その前に、まず、がんに対する免疫システムについて簡単に説明する。免疫は外から来た異物に対する防衛機構だ、という説明をしたが、実は、外部から来たものではなくても、害悪を及ぼすものに対しては免疫機構を使って攻撃が行われる場合がある。がんもそんな「外から来たわけじゃない害悪を及ぼすもの」の一つである。僕はがんの専門家じゃないのでうかつにこんなことを書くとどんなツッコミがどこから入るかわかったものではないが、僕が知る限りでは、免疫系ががん細胞の何を認識して「異物」と判断しているのか完全にはわかっていない。なにしろ、がん細胞は外来のものではなく、生命体の体内で生まれた異物だから、正常な細胞から間違いなく区別をするのはそんなに簡単じゃないはずだ。

オプジーボは、そんな全貌が理解できていないはずのがん免疫を標的にして非常に効く薬を作ることに成功した。なぜか。それは、オプジーボが標的にしているのが「免疫系がなにをもってしてがん細胞と認識しているか」ではなく、「免疫系がなにをもってしてがん細胞と認識しないか」だったからである。

何が書いてあるかよくわからないかもしれないが、要するにこういうことだ。がん細胞は自分ががん細胞だと認識されないようにするために、必死になって免疫系を騙そうとする。がんを攻撃する役目を担うある種の免疫細胞は、間違って正常細胞を攻撃しないように、細胞表面にある種のタンパクが発現している細胞は攻撃しないことになっている。この正常細胞の表面でしか機能しないはずのタンパクを、がん細胞はなんとかして自分の表面で機能させてしまう。こうなってしまうと、この免疫細胞はがん細胞を攻撃できなくなってしまう。

もっと詳しく言うと、こういうことだ。がんを攻撃する役目を担う細胞の表面にはＰＤ‐１という受容体タンパクがくっついている。この受容体タンパクは、攻撃してはいけない正常細胞、たとえば、「抗原提示細胞」の表面や血管内皮等に発現しているＰＤ‐Ｌ１という分子と結合することで、間違ってこういう細胞を攻撃しないようにしている。ある種のがんはこのＰＤ‐Ｌ１という分子を意図的に細胞表面に発現させることで攻撃されることを防いでいる。

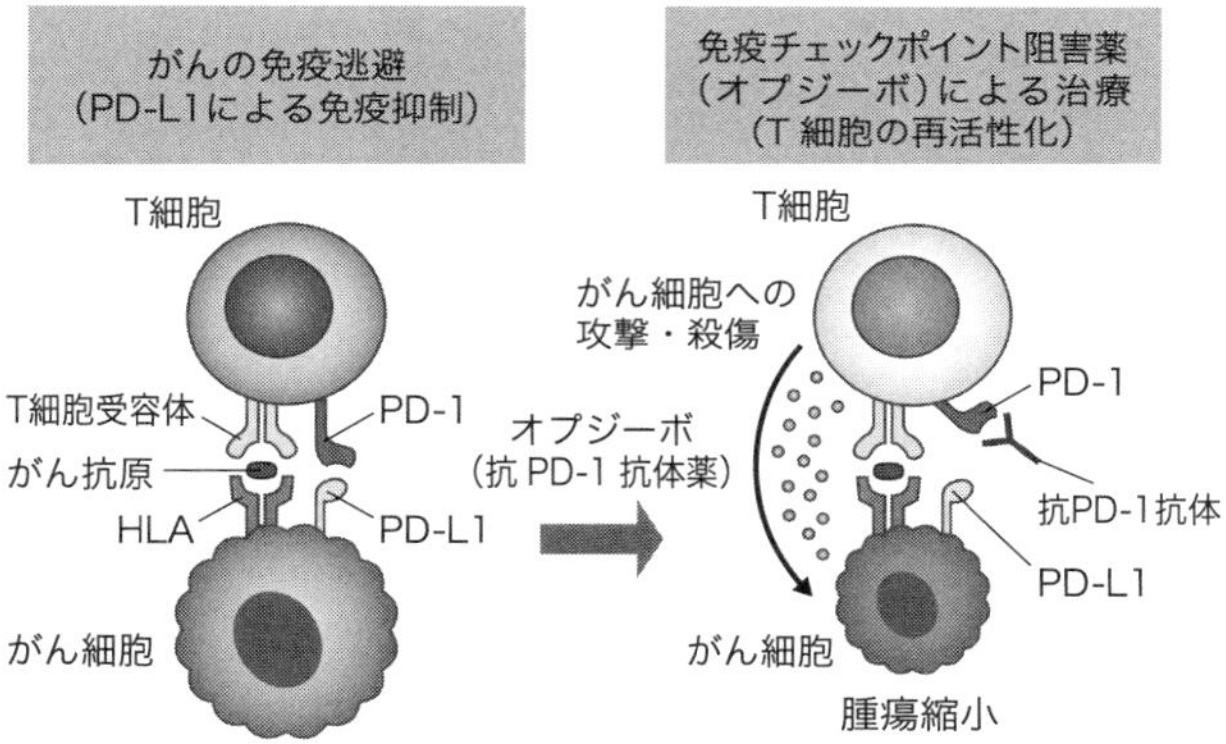

図3-9　オプジーボが働く仕組み

つまり、がん細胞には偽の「正常細胞タンパク」が発現していて、免疫細胞の表面にはこの正常細胞タンパクを認識する（＝クーロン相互作用でくっつく）タンパク（受容体）が発現している。免疫細胞ががん細胞のそばに行って、がん細胞と接触したとき、この偽の「正常細胞」が免疫細胞の表面の認識タンパクと結合するので、免疫細胞はがん細胞の攻撃をやめてしまう、ということだ。

オプジーボはここを標的にした。免疫細胞の認識タンパクにくっつく短いタンパク＝ポリペプチドをばらまくことで、免疫細胞の認識タンパクに、偽の正常細胞タンパクではなく、オプジーボのほうが先にくっつくようにしたのだ。オプジーボが結合している免疫細胞表面の認識タンパクは、偽の正常細胞タンパクとは形が合わないので、結合できず、がん細胞の騙しは失敗する、というからくりだ。それはちょうど、一酸化炭素がくっついたヘモグロビンには酸素がくっつけないのと似ている。

この例からもわかるように、タンパクがいかに多様な機能を実現していようとも、元をたどれば、「クーロン力で弱くくっつく」という機能を多様なやり方で応用しているにすぎないのである。

3・6・2 アレグラ（フェキソフェナジン塩酸塩）

花粉症の薬であるアレグラ（一般名はフェキソフェナジン塩酸塩）のパッケージにはわざわざ「眠くならない」などと書いてある。こうまで書いてあるからには、アレグラ以前の花粉症の薬は眠くなるものが多いことを示唆している。実はアレグラ以前の花粉症薬は眠気の副作用が付きものだったが、アレグラはこの副作用を解消した点が画期的だった。なぜ、アレグラ以前の花粉症の薬は飲むと眠くなり、アレグラは飲んでも眠くならないのか。実はそれもまた、タンパクの持つ、「弱いクーロン力でくっつく」という機能で説明できる。

花粉症は、症状としては炎症である。炎症は、外部から有害な異物が入ってきたときに起きる防衛反応で、体の中で火事が起きているような生体反応だ。典型的な症状としては発赤（赤くなること）、腫脹（はれること）、熱感（あつくなること）、疼痛（痛み）などで、文字どおり、炎でからだを焼き尽くすようなイメージだ。花粉は異物ではあっても、有害ではないので、炎症を起こしてまで防衛する必要は本来ない。だから、花粉症の治療薬は不要な炎症を起こさなくする薬、ということになる。

炎症はある種の受容体に異物が結合することで起きる。花粉に対する免疫反応を惹起する物質が受容体に結合するのを防ぐには、受容体に何か別のものを結合させてブロックし、免疫反応を惹起する物質が結合できないようにすればいい。これが花粉症の薬である。

ところが、不幸なことに、免疫反応を惹起する物質が結合する受容体は、それと似た構造ものが体中にあって別の機能にも関係している。なので、下手な薬を使うと、関係ない受容体にくっついて別の機能を惹起《じゃっき》してしまう。運悪く、中枢神経に関係する受容体にこれと似たものがあるため、そこに結合してしまうと眠気を催してしまう。つまり、アレグラ以前の花粉症の薬が眠気を催したのは、薬が標的外の、中枢神経に関係した受容体に誤って結合してしまうからなのである。アレグラはそれ以前の薬に比べると、花粉に対する免疫反応を惹起する物質が結合する受容体だけに特異的に結合する能力が高い。このような薬ができたおかげで、眠気を催さない花粉症の薬が提供できるようになったのである。これが眠くならない花粉症治療薬と、タンパクの弱いクーロン力で結合する、という機能の関係の、ごく単純化した説明である。

3・6・3 ペプチド創薬

薬の機能は、こんなふうに、タンパクの「弱いクーロン力で何かにくっつく」機能を阻害することが主な目的だ。だが、アレグラの例に見るまでもなく、ある特定のタンパクにだけ特異的にくっつくが、他のタンパクにくっつかない、という都合の良い化合物を見つけるのは簡単ではない。だから、アレグラが見つかるまでは眠くなることがわかっていても、そんな副作用を持つ化合物を薬として使うしかなかった。

こういうあてどもなく良い薬となる化合物を探すというやり方をもうちょっとシステマティックにしよう、という試みがある。ペプチド創薬はその一つである。

ペプチドというのは簡単に言うと「短いタンパク」ということになる。タンパクがその機能、つまり、「弱いけど特異的」なクーロン相互作用という洗練された機能を実装するにはそれなりの長さが必要で、普通のタンパクは数千個のアミノ酸からなっている。なので、通常、アミノ酸五〇個以下のタンパクは存在しない。そこでこのような「自然界には普通は存在しない」ような短いタンパクを特別に名前をつけてペプチドと呼んでいる。しかし、この五〇という数は絶対的なものじゃないので、長さ一〇〇くらいのアミノ酸で構成されているものを短いタンパクと思うか、長いペプチドと思うかはケースバイケースではある。

すでに述べたように、一次元的なアミノ酸の配列を工夫することで、タンパクは弱いクーロン力という手段を使って様々な物質にくっつく機能を獲得できる。そして、ここまで述べてきたように、薬となる物質を探す、とは要するに「本来くっつくべきものの代わりにくっつく」物質を探す、ということに他ならない。この物質がなんらかの化合物じゃなく、タンパク自身でもいいじゃないかというのはごく自然な発想だろう。実際にはタンパクは大きすぎるので、アミノ酸のもっと短いつらなり、つまりペプチドを使った創薬ということになる。

実際、このアイディアは半世紀前、つまり、ヒトゲノムプロジェクトが完遂どころか構想されるはるか前から存在した。にもかかわらず、ペプチド創薬はつい最近までうまくいかなかった。ペプチド創薬がうまくいかなかった理由の一つはペプチドが「生物《なまもの》」だったせいだ。化合物はもともとそれ自身安定に存在する物質だが、ペプチドは人間が勝手に作るものだから安定とは限らない。まして、二〇種類のアミノ酸自体、生命体が自由に切ったり貼ったりできる代物である。せっかく標的に「くっつく」ペプチドを見つけても、あっさり分解されて患部に届かない、ということは日常茶飯。

この状況を変えたのは、タンパクの原料となる二〇種類以外のアミノ酸を使ってペプチドを作る技術の開発だ。生命が持っているシステムを「そのまま」使うのではなく改変して使う。いまではなんと四〇〇種類もの非天然＝生物《なまもの》じゃないアミノ酸を使ったペプチドが作製できるようになった。これで分解されやすい＝不安定という問題は解決した。あとは膨大な数のペプチドから標的のタンパクにくっつくものを見つければＯＫだった（といってもそんなに簡単じゃないのだが）。

この「膨大な数のペプチドから標的のタンパクにくっつくものを見つける」というプロセスには、実は「リアル機械学習」とでも言うべきプロセスが使われている。機械学習は、入力と出力を繋ぐ複雑な関数を用意して、その関数が入力から希望する出力を出すようにチューニングするプロセスである。日英機械翻訳なら、入力が日本語で出力が英語、画像認識なら入力が画像で、出力が目的の物体が四角で囲われた画像、コンピュータ将棋なら、入力がいまの盤面のコマの配置で、出力が次の一手、というように。この関数をチューニングする過程は、最適化されてはいるものの、基本は網羅探索といって、良い結果が出るまでひたすらトライ＆エラーを繰り返す、という方法だ。これを現実の装置でできるようにして、無数の可能なペプチドの中から、標的のタンパクにくっつけるペプチドを探すという方法でペプチド創薬は実行される。

このペプチド創薬はかなり有望なものだと思われている。実際に機能するペプチドが薬として売り出される日はそんなに遠くはないだろう。

3・6・4 核酸創薬

アミノ酸でできているタンパクにくっつく物質を、同じくアミノ酸でできているペプチドで作るのがペプチド創薬なら、核酸でタンパクにくっつく物質を探索しよう、というのが核酸創薬だ。コドンに合わせてアミノ酸を並べる転移RNAの存在からも明らかなように、ある特定のアミノ酸に特異的に結合するRNAを作るのは難しくない。それができなかったらそもそも、セントラルドグマが成り立たない。ならば、ある特定のアミノ酸の配列＝タンパクに結合するRNA配列だって作れなくてはいけないだろう。これを逆手に取ったのが核酸アプタマーだ。

核酸アプタマーによる創薬はすでに成功していて、黄斑《おうはん》変性症の病因である血管内皮細胞増殖因子というタンパクに結合し、他のタンパクとの結合を阻害することで効果を発揮する核酸アプタマー、ペガプタニブがそれだ。ペガプタニブはたった二八塩基の長さのRNAである。こんなに短い、マイクロRNAとさして変わらない長さのRNAが、病気の原因になるタンパクをクラッキング（コンピュータ用語でシステムに不法に侵入してコントロールを奪うこと）して阻害する。

核酸アプタマーのペプチドに対する優位性は、なんといってもこの「小ささ」だ。小さければ

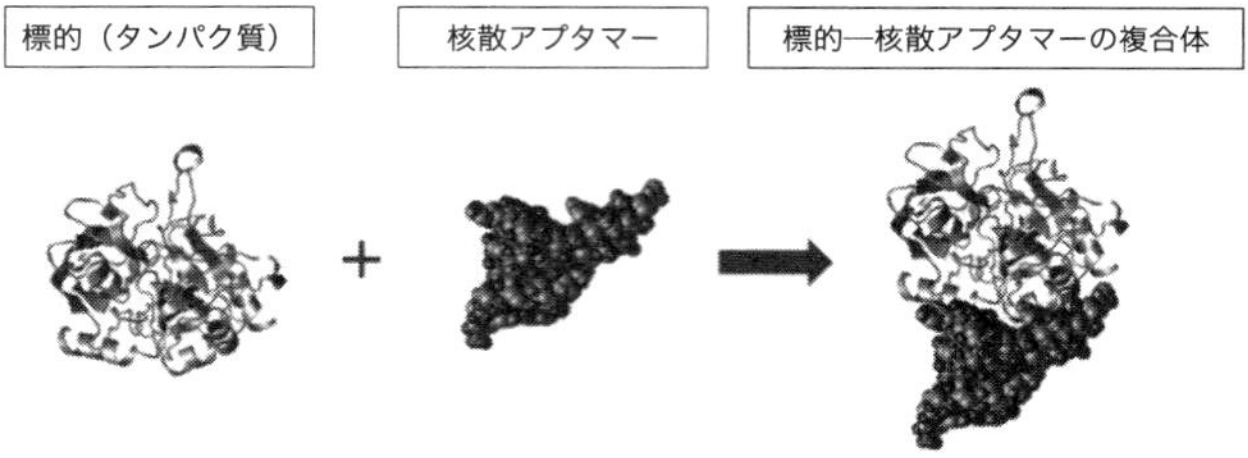

図3-10　核酸アプタマーによる創薬
新エネルギー・産業技術総合開発機構ホームページより引用
(https://www.nedo.go.jp/news/press/AA5_100222.html)

患部までの輸送も容易だし、費用も抑えられる。一方で、たった四種類の核酸でアプタマーを作るのは、もちろん、二〇種類以上のアミノ酸を部品に使えるペプチドに比べればはるかに難しくなる。いまのところ、将来的には核酸創薬とペプチド創薬のどちらが優位になるかの決着はついておらず、従来の化合物＝低分子に対する中分子創薬というカテゴリで一括して並行する形で開発が進められている。

ちなみに、他のRNA技術と同じく、この核酸アプタマーという仕組みは天然にも存在していることがわかった。RNAの一部の配列が他の分子を特異的に認識して結合していることが見つかったのだ。この仕組みはリボスイッチと呼ばれている。前章の最後に書いた、RNAを利用した技術は天然の技術を丸パクリしたものであるという事実は、ここでも成立していたわけだ。

核酸創薬のもう一つの戦略はデコイ核酸である。前に、リプログラミングを実現するために、山中教授が用いたのは転写因子という分類に属する四つのタンパク質だということを述べた。転写因子は、一種の酵素タンパクである。転写因子の役目はDNAからRNAへの変換を開始するために必要な一連のタンパクをDNA上のしかるべき位置にリクルートすることだ。転写因子自身は、DNAからRNAへの変換の化学反応に直接関与しているわけではないので、一般には「酵素」には分類されていないが、DNA（＝分子A）とRNAの元になる個々の塩基（＝分子B）を近づけるのに間接的に必要な平均七個の媒介タンパクのうちの一個である。

逆に言えば、転写因子のDNAへの結合を阻害すれば、当該部分のDNAから変換される予定のRNAの発生を抑止できる。個々の転写因子がDNAのどのような配列にくっつくかはわかっているから、標的となる転写因子が標的とするおとりのDNA配列を「わざと」たくさんばらまいておけば、転写因子は主におとりDNAに結合してしまい、本来の機能（＝DNAからRNAへの変換を開始する）は失われる。これはマイクロRNAスポンジのときにも使われたデコイ戦略の一種である。

3・7 タンパクのすべて《プロテオーム》の今後

歴史的なことを言えば、RNAやDNAの研究よりタンパクの研究のほうがはるかに歴史は古い。そもそも、ゲノムという仕組みが判明するはるか昔から、栄養素としてのタンパクはその存在が知られていたからだ。だが、その一方で、ヒトゲノムプロジェクト完遂後は、簡単に計測できる技術が確立したRNAやDNAに比べて、計測技術がまだまだのタンパクの研究はかえって遅れてしまった。特にセントラルドグマの中で一番「下流」に属するために、そもそも「上流」のDNAやRNAの研究が先行して進んでくれないとタンパクの理解も進まないという嫌いがある。だが、その一方で、DIGIOMEと現実のインターフェースがタンパクのレイヤーにある以上、応用面を考えたら最終的な成否はタンパクの制御にかかっているとも言える。その点から考えてもタンパクのすべて《プロテオーム》の研究は、今後しばらくの間、盛んになることはあっても廃れることはないだろう。

第4章

代謝物のすべて《メタボローム》

見逃されていた重要因子

4・1 代謝物とは何か

前章までの三章でゲノム、RNAのすべて《トランスクリプトーム》、タンパクのすべて《プロテオーム》の三つについて見てきた。しかし、この三つだけでは生命を語るには不十分だ。

たとえば、車の動作原理を理解したいと思ったとしよう。そのためにはまず、車の構造を知らなくてはならない。設計図に相当するのがゲノムである。設計図を読み解いているのがRNAのすべて《トランスクリプトーム》て、設計図に沿って作られた部品がタンパクのすべて《プロテオーム》てに相当する。だが、車が動くためにはこれだけでは不十分なのは明らかだ。内燃機関駆動型の車であれば燃料＝ガソリンやガスが必要であるし、将来を嘱望されている電気自動車であれば、モーターを回すための電気が必要だ。要するに、セントラルドグマが担っているのはあくまで形の部分であり、それを駆動するための動力の話がすっぽり抜けている。これでは、アンバランスのそしりを免れない。

この「燃料＝動力」の部分を担っているのが代謝である。内燃機関は燃料を燃やす（＝酸化反応）ことで発生する熱を使ってエネルギーを得、電気自動車は電流から電磁気学的なエネルギーを取り出してモーターを回す。これに対して、生物は外界から取り入れた物質を分解することで

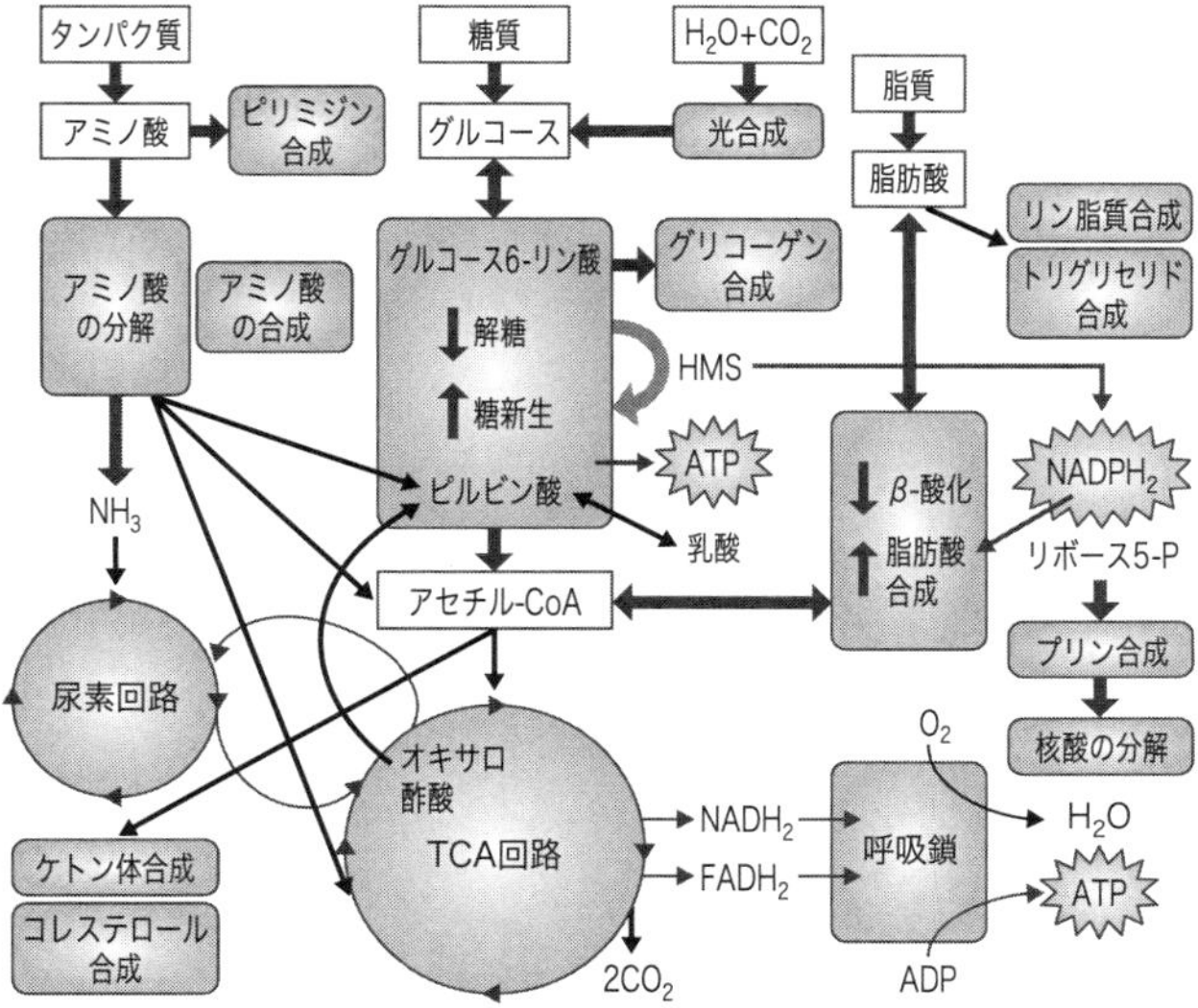

図4-1　代謝マップ
福岡大学理学部化学科機能生物化学研究室提供

エネルギーを取り出して生きている。この物質の分解を司《つかさど》る化学反応が代謝である。植物は光合成をすることで、炭水化物を水と二酸化炭素から合成できるので、外部から物質を取り入れるわけではないが、自分が生成した炭水化物の分解でエネルギーを得ているという点では同じなのであえて区別はしない。

なんのことはない、DIGIOME《ディジィオーム》が化学反応を媒介としたデジタル情報処理系であるのと同じように、代謝は化学反応でエネルギーを得るための仕組みなのである。図4-1は「代謝マップ」と呼ばれるもので、体内での代謝＝化学反応の連鎖を表現している。こんなふうに体内の代謝は孤立しているわけではなく、お互いに連携しており、ある代謝＝化学反応でできた産物＝代謝物が、次の反応の入力になって別の代謝物が産出されるというある種のネットワークを組んでいる。

入力は「タンパク」「糖質」「脂質」の三つ。この三つは昔、家庭科の授業などで三大栄養素として学んだのではないかと思うが、なぜ、この三つが三大栄養素かというと代謝マップの入力＝燃料、に他ならないからだ。代謝物はこの代謝マップの途中の生産物のことで、グルコース、アミノ酸、ピルビン酸などの名前がついているものは全部代謝物である。実際には代謝物はもっと膨大な数＝数百以上あるのだが、それを全部書くと字が小さくて読めないので、省略されている。

代謝マップの真ん中にでんと座っていることからもわかるように一番重要なのは糖質の代謝である。前述のように、植物は水と二酸化炭素から糖質代謝の一次生成物であるグルコースを作ることができるという部分だけは我々動物とは違っているが、あとの仕組みは同じである。図中にATPという文字が二ヵ所見えるが、このATPこそ体内で様々な反応、これまでの章で見てきたDIGIOMEを駆動させるための化学反応デジタル情報処理系や、タンパクの多種多様な機能を駆動するエネルギー源となる重要な分子である。

この二ヵ所のＡＴＰのうち、ピルビン酸の産出に伴って発生するほうがいわゆる無酸素運動に使われる回路であり、主に、短距離走などの瞬発力に関わっている。もう一個の、O_2からH_2Oができるときに産出するほうがいわゆる有酸素運動に関わるほうである。

これまで説明してきたゲノム、ＲＮＡのすべて《トランスクリプトーム》、タンパクのすべて《プロテオーム》の研究では、これらの実体を網羅的に計測する技術と、データサイエンスとして扱う解析技術が車の両輪として機能していることを述べた。だが、そうは言っても、これらは所詮セントラルドグマの時代から知られてきた「古い」登場人物にすぎない。いま紹介した代謝物はこのセントラルドグマの外側にある役者として近年、代謝物のすべて《メタボローム》という名前で非常に大きな注目を集めている存在だ。

とは言っても、代謝物のすべて《メタボローム》の構成実体である代謝物＝化合物自体の存在は昔から知られていた。新しくなったのは、ここでもまた計測技術と解析方法にすぎない。

最初からＡ、Ｔ、Ｇ、Ｃ、あるいは、Ａ、Ｕ、Ｇ、Ｃの四つの塩基からなっているとわかっているＤＮＡやＲＮＡ、二〇種類のアミノ酸からなっているとわかっているタンパクに比べると、代謝物はただの化合物なので、その同定は飛躍的に難しくなる。

ＤＩＧＩＯＭＥの実体そのものであったＤＮＡやＲＮＡ、アナログ側のインターフェースではあっても、アミノ酸の羅列というデジタル性を残していたタンパクに比べると、代謝物は本当にただの物質であり、生命ともDIGIOMEとも直接の関係はない。だからこそ、計測も簡単ではなかった。

海外勢に席巻されているゲノム科学の計測技術開発だが、代謝物《メタボローム》のすべてだけはなぜか日本が気を吐いている。代謝物《メタボローム》のすべての今、もっとも広く使われている計測技術を開発したのも日本人（曽我朋義・慶應義塾大学教授）である。要素技術は単純だ。キャピラリー電気泳動装置と飛行時間型質量分析装置の組み合わせである。キャピラリー電気泳動装置は、拡散を用いて電荷比（単位質量あたりの荷電）ごとに物質を分離する方法、飛行時間型質量分析装置は磁場中の荷電粒子の運動（円運動であり、その振動周期をサイクロトロン振動数と呼ぶ）を用いて電荷比ごとに物質を分離する方法である（周期の長さと速度が飛行時間に関係しているので飛行時間型と呼ばれている）。この二つを巧妙に組み合わせることで代謝物《メタボローム》のすべてを網羅的に計測できるようになった。

一般に代謝物質とは、「分子量一〇〇〇以下の生命を構成する有機分子」とされている。分子量で定義しているのはDNA、RNA、タンパクを除きたいからである。DNA、RNAを構成する核酸の分子量は三〇〇程度なので、核酸が三つ四つ繋がればもう分子量一〇〇〇を超えてしまうためこの基準でDNAやRNAは除外できる。アミノ酸の分子量はやや小さく一〇〇前後しかないが、それでも長さ一〇アミノ酸以上のペプチド鎖は排除できるのでほぼ大丈夫だろう。

生体内の代謝物は体内の化学反応で生成されるものが大部分である。その際、タンパクが化学反応に対する酵素として介在する。代謝マップにはいちいちタンパクが描かれていないのだが、実際には一個一個の化学反応＝代謝が酵素として働くタンパクによって媒介されている。たとえば、グルコースから出発してピルビン酸と同時にATPを作り出す経路は実際には一〇段階ほどの化学反応の連鎖であり、その一個一個の化学反応にいちいち反応を触媒として媒介する酵素タンパクが割り当てられている。その名前を述べても「ヘキソキナーゼ」とか「ホスホフルクトキナーゼ」とか舌を嚙みそうな名前ばかりでさしてこの本で本当に述べたいことの理解には結びつかないのでやめておく。

また、代謝物は前述のように、他の代謝物と化学反応して別の代謝物になるので、結局、代謝物を点、タンパク（酵素）を辺とする巨大なネットワークを構成することになる。化合物の代謝ネットワークデータベースであるKEGGには一万七一八六種類の化合物が収録されている（五斗進「ゲノム機能解析のためのデータベースKEGG」『計測と制御』第五三巻第五号四三二頁）。

これらの化合物の多くは生体内でイオンの形で存在しており、そのため、電荷質量比で分離が可能なのである。この技術が登場した約一〇年前の時点ですでに、八〇〇種程度の代謝物の同時定量解析が可能になっていた。

4・2 がんと回虫の意外な関係

代謝物のすべて《メタボローム》の網羅的な解析技術が確立してから一〇年あまりしか経っていないためか、代謝物のすべて《メタボローム》を用いた研究はまだそれほど進んでいない。それでもゲノム、ＲＮＡのすべて《トランスクリプトーム》、タンパクのすべて《プロテオーム》では研究しにくいテーマで成果もあがっている。その一つはワールブルク効果の研究である。

ワールブルク効果はがんに関する効果だ。がんはいまや、先進国では主要な死亡要因になった。それは主に、寿命が延びたこと（がんは遺伝子の異常で生じるので変異が蓄積する老年期に発生しやすく、ある意味、がんになれるまで長生きしなければがんになれない）、他の死因（事故、感染症による死亡）が減ったこと、などによる。がんは、典型的なＤＩＧＩＯＭＥの誤作動によって起きる。本来なら正常な臓器に分化しなくてはならない細胞ががんという特殊な形の「臓器」になってしまう。がんの特徴の一つは増殖速度が非常に速いことだ。成人の場合、ほぼ成長が停止しているので、なんらかの臓器の大きさが増大することはないのだが、がんの場合は、無関係に増殖する。

なぜ、がんは普通と違う増殖を行うのか。その一つの理由としてワールブルクが発見したワールブルク効果がある。ワールブルクは二〇世紀の前半にベルリン大学とカイザー・ヴィルヘルム生物学研究所（現在のマックス・プランク生物学研究所）で活躍した細胞生物学者で、腫瘍の代謝、および細胞（特にがん細胞）の呼吸の研究を行ったことで知られている人物だ。最近、健康ブームなどで有酸素運動がよく推奨される。有酸素運動、と言われても、人間は酸素なしには生きていけないので、なんのことかよくわからないが、人間がエネルギーを作り出すとき、代謝マップのところで述べたように、酸素を必要としない場合と必要とする場合がある。推奨される有酸素運動はある程度長時間継続して行える運動で、早足や軽いジョギングなどが該当する。こうした有酸素運動に対して供給されるタイプのエネルギーの生成は、スピードよりも持続性が要求される。このタイプのエネルギー生成は、エネルギーを作る速度が遅い代わり、長時間続けることができる。

一方、突然、走り出すなど急激な運動を行う場合には、有酸素運動ではエネルギーの生成が間に合わないので、代謝マップのところで述べたように酸素を使わないエネルギー生成を行う。これは解糖系という名がついている。なぜなら、広い意味では炭水化物を発酵させてアルコールを作る微生物の呼吸と同じ原理だからだ。

がん細胞は普通の酸素呼吸ができるだけの酸素がある環境でも、わざわざ解糖系を使ってエネルギーを作っているらしいことをワールブルクは一九五五年に発見した。我々が解糖系ではなく、酸素を使った呼吸でエネルギーを作るのは、解糖系はエネルギー生成効率が非常に低いからだ。なぜ、急激な成長を必要とするはずのがん細胞がわざわざ効率が悪い解糖系を多用するのかいまでもよくわかっていない。

がんの中には、低酸素で糖も不足した状態で、依然として増殖できるものがある。このようながんがどうやってエネルギーを得ているのかはわからなかった。そのようながんの代謝物のすべて《メタボローム》解析を行ったところ、フマル酸呼吸という、低糖・低酸素でもエネルギーが生成できる代謝経路の特徴的な産物であるコハク酸が増えていることがわかった。このフマル酸経路は、代謝マップで言うとＴＣＡ回路の左側だけを使って、しかも通常の代謝マップの方向とは逆の反時計回りに化学反応を進行させることでＡＴＰを作り出す。酸素を必要とするのは代謝マップのＴＣＡ回路の右側だけだから、右側を「切り捨てる」ことでグルコースから出発する解糖系を利用しながらも、酸素なしでＡＴＰを取り出すという離れ業ができるのである。代謝マップには描かれていないが、ＴＣＡ回路の左半分を逆回し（反時計回り）にすることでもＡＴＰの生成は可能である。

フマル酸呼吸は、回虫（大腸に寄生する寄生虫）の呼吸として知られていた。大腸は低酸素・低糖の環境なので、低糖・低酸素でもエネルギーが生成できる代謝経路が必要だったからだ。いわゆる虫下し（回虫を体内から追い出す経口投与薬）はこのフマル酸呼吸の阻害剤だと言われていたため、この虫下しをがん細胞に投与したところ、実際にがん細胞が死滅したという報告があった。

事前に、がんがフマル酸呼吸をしているという予想は誰もしていなかったようで、このような新発見ができたのは、とにかく網羅的になるべく多くの化合物を同時測定したいという技術開発のおかげである。それはちょうど、ヒトゲノムプロジェクトが構想されたときの、何がわかるかわからないが、ともかく、なるべく多くのもの（＝要素）を同時に測定して科学を進めたい、という網羅的な解析と軌を一にしている。

代謝物《メタボローム》のすべて解析は、計測しているのは、化合物の「量」であってアナログ解析であり、ゲノム、RNAのすべて《トランスクリプトーム》、タンパクのすべて《プロテオーム》にあったデジタル性はもはや失われている。それでも、網羅的に解析するというその一点においては、DIGIOMEの解析ポリシーをしっかり引き継いでいる。実際、このような方針でなければ「がんは低糖・低酸素でフマル酸呼吸をしている」という誰も予想しなかった結果を得ることはできなかっただろう。

4・3 バイオマーカー

代謝物《メタボローム》のすべて解析はまだ歴史が浅いが、この本で扱ってきた他のものにはない利点がある。それは「一番現実に近いので機能がわかりやすい」ということだ。ゲノムやRNA、タンパクは、基本的に同じ部品（ゲノムやRNAなら核酸、タンパクならアミノ酸）の順序を並べ替えただけのものなので、配列を見ただけでは機能がわからない。別途実験が必要だ。だが、代謝物は異なった原子からできた異なった物質である。それぞれの性質はゲノムやRNAやタンパクよりずっとわかりやすい。

そんな中で特に研究が進んでいるのはバイオマーカーとしての利用である。バイオマーカーと言うと言葉は難しいが、要するに健康診断で「数値が上がった」などと年配者がよく嘆いているアレである。バイオマーカーの進化も結構著しい。たとえば、糖尿病。糖尿病は典型的な無自覚疾患である。血糖値が高いこと自体には害はないので、不調は来さない。だが、長年高血糖が続くと動脈硬化などの合併症を招く。そこで自覚症状を伴う合併症が併発し、手遅れになる前に糖尿病を検出するために、健康診断では血糖値を測るようになった。

ただ、バイオマーカーとしての血糖値にはいろいろ問題がある。まず、よく健康診断の前には食事を抜いてくるようにと言われることがある。その一つの理由は食事をした直後は健常者でも血糖値が上がってしまうからだ。つまり、血糖値は糖尿病のバイオマーカーとしてはロバストではなく、フラジャイルである。もっと直近の状況に左右されないバイオマーカーがほしい。

そこで最近は、血糖値ではなく、赤血球の中のヘモグロビンのうち、血糖値が上がると増える糖化ヘモグロビンの量を調べることになっている。ヘモグロビンの糖化は不可逆なので、赤血球の寿命（二ヵ月）までは変化しない。そこでこれを調べれば過去二ヵ月間の平均的な血糖値の高さを推定できる。

糖化ヘモグロビンの場合は、なぜ、それが上昇するかという仕組み（＝機序）がわかっていてバイオマーカーとして採用されたのだが、バイオマーカーは必ずしも機序がわかっていないといけないというわけではない。実際、糖化ヘモグロビンの割合の場合も、血糖値と定量的に直接紐付いているわけではないので、「糖化ヘモグロビンの割合がいくつ以上になったら糖尿病とみなすのか？」は別途検討事項になる（そして、実際、その値は何度か変更されている）。だったら、最初から機序がわからなくても「値が変調を来したら疾患（予備軍）の証」であるような物質が見つかればなんでもいい。

良いバイオマーカーの条件はいくつかある。まずは、特異性。仮になんらかの疾患で値が変調を来す良い物質が見つかっても、他に値が変調を来す原因や疾患があるのでは意味がない。だから、その疾患でしか値が異常にならないものを見つける必要がある。また、精度も重要だ。ある疾患で異常を来すことがわかっていても、バイオマーカーの値が異常を来すのは一部の人、とか、逆に異常値を出した人のうち疾患は一部の人でしか発見されません、ということでは困る。

さらに、可能なら、バイオマーカーは血液、唾液、尿など簡単に採取できるものから見つかることが望ましい。最近、膵臓《すいぞう》がんで死ぬ方が増えているのは、膵臓が体の内部にあり、消化器のように露出面もなく、そもそも間接的にもアプローチが難しく、自覚症状が出る（＝手遅れになる）前に発見するのが難しいからだ。ある年齢以上の国民を全員強制的に病院に入院させて毎年膵臓の生検（＝体に針を刺して膵臓の組織を採取）を行うのであれば、膵臓がんで死亡する人は激減するだろう。だが、費用対効果を考えたらこのような解は現実的ではない。もし、血液、唾液、尿から特異性と精度に優れたバイオマーカーになる物質が見つかったら膵臓がんの早期発見に大いに役立つ。そして、このような膵臓がんの早期発見のバイオマーカーはご想像どおりいまだ研究段階にある。

血液、尿、唾液の代謝物のすべて解析《メタボローム》はこのような特異性、精度に優れたバイオマーカーになる可能性を秘めている。まず、DIGIOMEのデジタル性は失われてしまっているが、その分、現実に近い。現実に近い、ということはそれだけ、疾患という現象に近い。疾患特異性や精度も期待できる。また、現実に近い、ということはより安定しているということである。RNAのすべて《トランスクリプトーム》が変化していてもそれがタンパクに変換されなければ、タンパクのすべて《プロテオーム》に影響はない。その意味で一番現実に近い「下流」である代謝物のすべて《メタボローム》はそれ以上に、安定していないと日々の生活に異常を来してしまう。安定である、ということは逆に異常が起きたら見つけやすい、ということだ。

　実際、代謝物のすべて《メタボローム》ではバイオマーカーとしては徐々に成果をあげつつある。たとえば、大腸がん。大腸がんの健康診断は便を用いて行われるのが通常だ。だが、調べているのは便に血が混じっているかどうかである。当然だが、痔《じ》の人などは便に血が混じってしまうのでバイオマーカーの重要な性質の一つである特異性に欠ける。というかこの検査では痔の人は毎年「陽性」になってしまうので意味がない。

　最近、大腸がんのバイオマーカーが代謝物のすべて《メタボローム》を使って見つかったという報告があった。まず、大腸で、大腸がんになるとある特定の腸内細菌（人間の大腸には消化を助ける多様な細菌が共生している。抗生物質を服用して腹が下ってしまう人がいるのは、抗生物質でこの貴重な腸内細菌が皆殺しにあってしまうからだ。それほど、腸内細菌は人間の健康に重要である）の割合が増減していることが見つかった。そこで、腸内細菌が作り出す代謝物も含めた代謝物のすべて《メタボローム》解析を行ったところ、ある化合物の量が有意に変化していることがわかったのだ。

この研究が実際に大腸がんの検診に使えるかはまだ不明だが、この研究は代謝物のすべて《メタボローム》解析によるバイオマーカー同定に対する大きなポテンシャルを示しているのは間違いない。RNAのすべて《トランスクリプトーム》やタンパクのすべて《プロテオーム》の検査だけでは、共生細菌について情報を得るのは難しい。化合物という生命体によらない「物質」の検査だからこそ、このような結論が得られたのだ。

以下、いくつか代謝物のすべて《メタボローム》を用いたバイオマーカーの例をあげておこう。

4・3・1 老化

人間は老いる。老いから逃れることができる人間はどこにもいない。だが、老いはすべての人に一様に訪れるわけではない。それほど年を取っていないのに、すっかり老け込んでしまう人もいれば、いい年をして若さ溌剌という人もいる。肉体年齢という言葉を聞いたことがあるだろうか。実年齢に比べて若いとか老いているとかいうあれだ。たとえば、日本人高齢者の肉体年齢は最近、一〇年以上若返ったと言われている。これはもちろん、寿命が延びていることと関係あるだろう。寿命が延びれば、当然、老いが遅くなることも期待できる。この「若返った」という肉体年齢は、実際にはいろいろな体力テストの結果から総合的に判断されたものだ。

年齢という客観的な尺度からすぐわかる実年齢に比べて、体力検査から推定する肉体年齢は間接的な尺度だ。同じ肉体年齢の人の体力検査のスコアが完全に同じわけでもない。瞬発力が残っている人もいれば、持久力が若者並みの人もいるだろう。なにか客観的にわかる、これを測れば肉体年齢がわかる、みたいなものはないだろうか？

実は、代謝物のすべて《メタボローム》を使ってこのような研究が進められている。高齢者と若者の血液を採取し、その中の代謝物のすべて《メタボローム》を測ってみたところ、いくつかの代謝物の量が、年齢と強く相関していた。あるものは年齢と共に増え、あるものは減っていた。

こんなことを書くと「年齢と共に変化しているものが見つかったからといってなんなのか？年齢を直接測ればいいじゃないか？」と思うかもしれない。だが、科学者はそう考えない。年齢と相関している、といっても、個人差がある。この個人差は同じ年齢でも老化が進んでいるかいないかの違いではないか、と考えるのだ。

そんなこと、なんでわかるんだ、体力年齢と比べたのか、と思うかもしれない。が、そこが代謝物の強みである。ゲノムやＲＮＡやタンパクに比べると、ずっと機能がわかっているものが多い。たとえば、年齢と共に減っていくある代謝物は糖尿病の患者でも下がることが知られていた。糖尿病は年を取ることで発症することが知られている病気である。しかも、おもしろいことにこの代謝物が低下している高齢者の糖化ヘモグロビンの値は正常だった。つまり、この代謝物は糖化ヘモグロビンに先んじて老化に伴う糖尿病の進行を検出しているのかもしれない、ということだ。また、年齢と共に減っていく別の化合物は、抗酸化作用があることで知られていた。ひょっとしたら、どこかで老化と酸化は関係しているという話を聞いたことはないだろうか？　抗酸化作用があるものを食べると老化が抑止できるというあれだ。だから、抗酸化作用のある代謝物が年齢と共に減っていく、というのはもっともらしい。

一方で、年齢と共に増えている代謝物は腎臓の機能が劣化していることに関係しているものだったので、これも老化と関係していると思われた。こんなふうに、個々の代謝物の「意味」がわかりやすいのはゲノムやRNA、タンパクに比べた場合の大きな強みだ。

まだ、実際に体力テストの代わりに肉体年齢の指標となるかはわかっていないが、近い将来、血液検査の結果に肉体年齢が書かれて戻る日がくるかもしれない。

4・3・2 飢餓

人間は絶食状態になってもすぐ死ぬわけではない。この点、絶たれたら数分で命が危うくなる酸素や、数日で生命の危機に瀕する水に比べると、必須ではあるが、優先順位は低い食物は生命に必須ではない。実際、飽食している我々には想像もつかないが、飢えというのは昔は死の重要な要因であり、それだけに人間の体は飢えてもすぐには死なないように適応していたとも言える。

この飢えに強い、という性質はすべての生物に共通ではなく、たとえばマウスは非常に飢えに弱い。これはおそらく、マウスは体が小さくて必要な食料の量が少なくて済むうえに、非常に雑多なものを食することができるので、飢えにさらされることが少なく、したがって、飢えに対する耐性を進化させなかったのではないかと考えられる。

代謝物《メタボローム》のすべてを使って飢餓のバイオマーカーを突き止めようとした研究がある。飢餓は自覚症状があるのだから、バイオマーカーを作る必要などなさそうだが、飢餓で特徴的に変化する代謝物＝バイオマーカーを特定することで、飢餓に陥ったときに人間に何が起きているのか、とか、なぜ、マウスに比べて人間は飢餓に強いのか、などの原因を解明できる可能性がある。これも「意味」がわかりやすい代謝物ならではの研究だ。

実際に、人間を飢餓状態に追い込んでから、血中の代謝物《メタボローム》のすべてを計測したところ、非常に多くの代謝物が変化していることがわかった。これは飢餓状態になったとき、人間の体が大規模な状態変化を起こして対応していることを示していると考えられた。

たとえば、代謝マップの中のTCA回路＝有酸素運動でATPを作り出す部分に属する代謝物が亢進《こうしん》していた。これはおそらく、少ない糖質の摂取量からでもより多くのATPを産生してエネルギー不足を補おうとしていると考えられた。

一方、老化では低下していた老化バイオマーカーの代謝物が逆に飢餓状態では増えていることがわかった。ひょっとしたらどこかで粗食は寿命を延ばすという動物実験のことを聞いたことがあるかもしれない。この、老化では低下するが飢餓では亢進する代謝物を詳しく調べたら、粗食しなくても寿命を延ばせるようになるかもしれない。「意味」がわかりやすい代謝物ならではの研究の方向だろう。

4・3・3 メタボロゲノミクス

メタボロゲノミクスというちょっと舌を嚙みそうな名前の分野が最近提案された。これはなんだろう？

我々の腸には大腸菌という名前に代表されるように、たくさんの細菌が共生している。じつに一〇〇〇種類で四〇兆個という説もある膨大な数だ。この数がどれくらい大きな数か、というと一説によると人間の体を構成する全細胞の数は三七兆「しか」ない、とも言われている。この計算が正しいとすると、人間の細胞の総数より、腸内に棲んでいる細菌の総数のほうが多いということになるから、人間の体の中に細菌が棲んでいるのか、細菌の集団の周りに人間の体のほうがくっついているのかさえ、怪しげになる。

で、この細菌たちは何をしているのかというと意外なことに我々人間の健康に大きく関わっているらしいのだ。この腸内細菌叢《そう》が変調を来す（これを専門用語でDysbiosisというそうだ）と人間の体も変調を来すというから恐ろしい。

本来、人間の腸にどんな種類のどういう細菌が棲んでいるかを見極めるのは難しかった。なぜなら、ほとんどの細菌は難培養性といって、腸から取り出したら死んでしまうからだ。細菌はたくましくて、どこでも生きられるようなイメージがあるが、ほとんどの細菌は空気中に出たら死んでしまうし、だいたい、その辺の食べ物にくっついて腐らせたりすることができる細菌はごく少数派で、人間の腸内でないと栄養を取ることさえままならない。だから、いままでは腸内の細菌を調べるすべがなかった。

だが、第1章で述べたように、DNAはヒトも細菌も同じものからできている。だから、人間のゲノム＝DNAを読む技術があれば、細菌のDNAを読むことも可能だ。人間の便を取ってきて、その中に含まれているDNAを調べ、人間由来のものを除けば、残った大部分は人間の腸内細菌のものになる。こうやって取り出した細菌のDNAを調べて、細菌の種類や機能を研究する分野はメタゲノミクスと呼ばれていて、これだけでブルーバックスが一冊書けるだけの研究成果がすでにあがっている。なぜなら、この方法は人間の腸内だけではなく、土壌とか水中に棲んでいる無数の細菌やウイルスに汎用的に適用可能だからだ。

ここではこれ以上、メタゲノミクスには立ち入らないが、肝心のメタボロゲノミクスという分野は、メタゲノミクスで見つかった細菌と、その細菌が作り出す代謝物《メタボローム》のすべてを合わせて研究するということを意味する造語である。

このメタボロゲノミクスはここ最近、いろいろおもしろい成果をあげつつあるのでちょっとだけ紹介しよう。たとえば、腸内細菌は、宿主である人間には消化不能な食物繊維を「消化」する能力を持っている。食物繊維を消化する細菌を腸内に飼っている動物は人間だけではない。むしろ、ヒツジやウマのような草食動物のほうがよほどたくさん食物繊維を消化する細菌を腸内に飼っている。腸内細菌に消化された食物繊維は、酢酸などの短鎖脂肪酸というものになる。逆に言えば、腸内細菌がいなければ、食物繊維から短鎖脂肪酸は生成されない。ところが、メタボロゲノミクスによる研究の結果、この短鎖脂肪酸が炎症を抑える働きをしていることがわかった。実験で、大腸炎を人工的に起こしたマウスに短鎖脂肪酸を含む食事を与えると実際に炎症が緩和されたのだ。

これだけだったら、まだそんなに驚くことではないかもしれない。腸内細菌が腸の炎症に関係しているというだけなら。だが、この短鎖脂肪酸の一種は、なんと経口投与すると胎児の喘息《ぜんそく》の予防になることが動物実験で確認された。親の腸内で腸内細菌によって作られた短鎖脂肪酸が巡り巡って胎児に届いて喘息を予防している、としたら、これは結構すごいことかもしれない。

実はこの腸内細菌とそれらが作る代謝物は、腸内に限らず、人間の全身症状に関係しつつあることが徐々にわかりつつある。たとえば、肝臓がん、動脈硬化や腎疾患などだ。さらにすごいことになんと精神疾患や脳疾患とも関係があるらしいことがわかってきた。腸内細菌叢の調整で自閉症が治る可能性まで取り沙汰されているというから畏れ入る。

ここまで来てしまうと本当にもう、従来の医学の常識をかなり覆してしまっている。近い将来、人間の心と身体の健康に一番大切なのは腸内細菌叢の正常さを保つことだ、なんていう時代が来るのかもしれない。

ここまで代謝物のすべて《メタボローム》について、この本の趣旨からやや外れてしまうこともあり、ごくその一部だけを紹介した。新しい分野でもあり、一〇年後にはここでちょっと触れたことを凌ぐ驚くべき発見が代謝物のすべて《メタボローム》でなされているかもしれない。

第5章

マルチオミックス

立ちはだかるゲノムの暗黒大陸

ここまで、ゲノム、RNAのすべて、タンパクのすべて、代謝物のすべてを別々の解析対象として扱ってきた。しかし、いまのゲノム科学はこれらを統合的に扱うのが最先端になっている。このような異なったレイヤーのデータを統合的に解析する生物学の手法をマルチオミックス解析と呼んでいる。

マルチオミックスの「マルチ」はマルチ商法のマルチである。マルチ商法は正確にはマルチレベル商法という名前であり、肝心のレベルという単語が省かれてしまって意味不明になってしまっているが、ピラミッド型のマルチレベルの階層によって構成された商法であり、下位の階層からの上納金で上位の階層が不労所得を得ることが特徴である。なんでこんなことが可能になるかというと、下位のレベルはさらに自分の下位のレベルを構成することで、そこからの上納金で不労所得を得ようとするために、ピラミッドの底辺は放っておいてもどんどん広がって大きくなっていくので、上位階層の利益は雪だるま式に増えていく、という構造だからである。

マルチオミックスも、ピラミッド構造でこそないものの階層的な構造を意味していて、ゲノム→RNAのすべて《トランスクリプトーム》→タンパクのすべて《プロテオーム》→代謝物のすべて《メタボローム》という階層構造を総体的に捉えようという解析である。

一方、オミックスは、一個一個のレイヤーを意味している。四つのレイヤーはみな「オーム」

で終わっているが、これらを総称してオミックスと呼んでいる。だから、マルチオミックスはマルチレイヤーという意味だ。

マルチオミックスについて説明する前に、別の概念を説明しておく必要がある。それはエピジェネティクスという概念だ。

5・1 エピジェネティクス

エピジェネティクスは新しい概念だ。この言葉自体は一九四二年にウォディントンによって提起されているが、使い方がまったく異なるので本稿ではそれは考慮していない。ジャンクＤＮＡの有効性の発見や、たくさんのタンパクにならない《ノンコーディング》ＲＮＡの認識があったとはいえ、ゲノム、ＲＮＡのすべて《トランスクリプトーム》、タンパクのすべて《プロテオーム》ての三レイヤーはヒトゲノムプロジェクト以前からあった古い概念だ。代謝物のすべて《メタボローム》に至ってはもはやただの物質にすぎず、生命体から取り出してもそのまま存在できる。

それに比べるとエピジェネティクスは、ヒトゲノムプロジェクト完遂以降でなくては成り立ちようがない概念だ。なぜなら、エピジェネティクスはゲノムの状態に対する記述だからだ。全ゲノムの配列が記録されていなくてはそもそも成立しようがない。

エピジェネティクスとは、ごくざっくり言えばゲノムの「修飾」である。「修飾」とは、大きな分子に小さな分子を結合させて微妙に構造を変える化学反応を表現するジャーゴン《業界用語》である。チューリングマシンとしてのゲノム、デジタル情報処理系としてのゲノムであるDIGIOME《ディジィオーム》の観点から言えば、エピジェネティクスはデジタル情報の一時的な書き換えということになる。ゲノムを恒久的に書き換えてしまった場合、その影響はその細胞から分裂した娘《じょう》細胞すべてに及んでしまう。あとからそれを正そうとしても難しい。

ヒトの細胞寿命は意外に短く、骨や血液のような特殊なものを除けば、早いものでは一ヵ月、遅いものでも一年で全部入れ替わってしまう。この状況でゲノム自身を書き換えてしまうのは、生命現象を維持するのに必要不可欠な遺伝子が機能しなくなるかもしれず、あまりにも危険である。全細胞が入れ替わったあとで「やっぱり変更前のゲノムがいいよね」となっても戻しようがないからだ。DIGIOMEの一時的な書き換え＝修飾であるエピジェネティクスが進化してきたのはシステム論的にも頷《うなず》けるところだ。

エピジェネティクスで最も研究が進んでいるのはメチル化である。メタン（CH_4）は炭素一個、水素四個からなる、最も小さな分子の一つで、小さいから自分より大きな分子のどんな部分

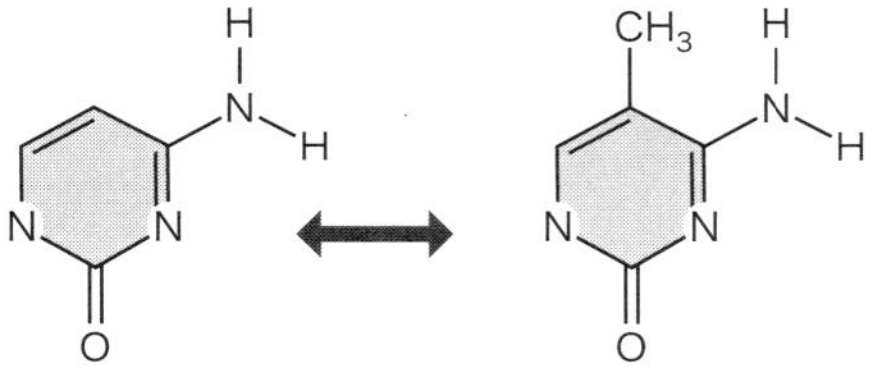

シトシン　　5-メチルシトシン

図5-1　メチル化の例
シトシンのいわゆる六員環（正六角形になっているところ）の上部にCH_3が付加する。

にも結合できる。結合するときに水素が一個外れるので、何かと結合してメチル基になると炭素一個と水素三個になる。一方でメタン自身は非常に安定した分子であり、放っておいても（＝他の分子と共存させるだけで）勝手に結合したりはしないが、いったん結合してメチル基になるとそのまま結合が維持されるので、メチル基を他の分子に結合させる修飾＝メチル化は制御が比較的容易な修飾であり、それゆえにユビキタス（いつでもどこでも普遍的）に存在しているのだと思われる。

　ゲノムのメチル化で最もよく研究されているのはプロモーターのメチル化である。ＤＮＡからＲＮＡの変換はＤＮＡのプロモーターと呼ばれる領域に転写因子というタンパクが結合して開始される、ということは前に述べた。このプロモーターと呼ばれる領域のＤＮＡがある程度以上メチル化されると、転写因子のプロモーターへの結合が阻害される。このため、プロモーターのメチル化によって、ＲＮＡの発生を選択的に制御できる。

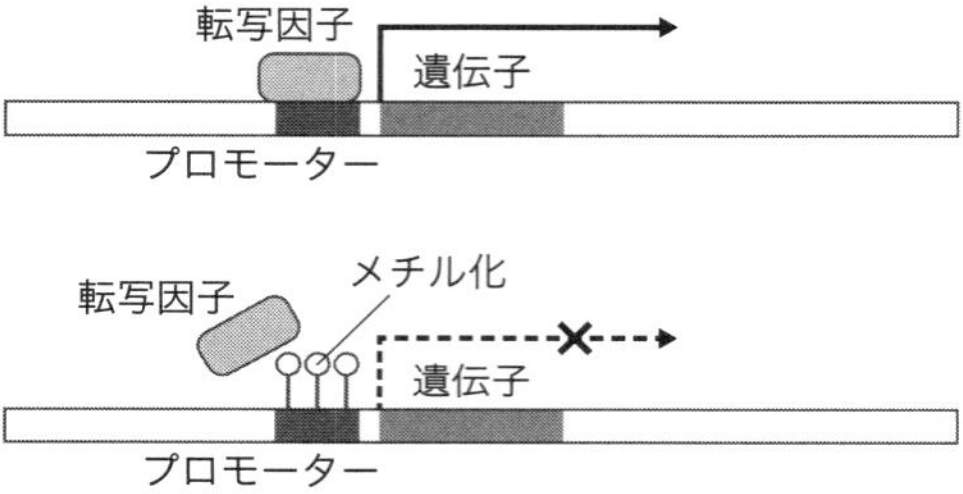

図5-2　プロモーターのメチル化
プロモーターがメチル化されると、転写因子のプロモーターへの結合が阻害される。その結果、プロモーターが制御する遺伝子のDNAからRNAへの変換が進まなくなる。

前述のように、メチル化は勝手に進行するような化学反応ではないため、ゲノムのメチル化には触媒になるタンパクが当該ゲノム領域に結合する必要がある。この結合を配列特異的なものに設計することで、プロモーターを選択的にメチル化（＝無効化）できるため、DNAからRNAへの変換を制御するための非常に有効な手段として多用される。脱メチル化も同様に、配列選択的な脱メチル化酵素で制御されると信じられている。その意味では、DIGIOMEにおける最有力な制御手段と目されている。

メチル化のもう一つの利点として、細胞分裂時のゲノム複製時に、メチル化も同時に複製される点があげられる。このため、ある特定のプロモーターをメチル化しておけば、対応するRNAは分裂後の細胞でも同様に発現しない。したがって、臓器特異的にある特定のRNAを発現させたくない場合などは、ある特定の早期の細胞においてのみ、標的RNAのプロモーターのメチル化を行っておけば、前述の細胞の新陳代謝で自動的に当該臓器のゲノムにおいては標的RNAのDNAからの変換を阻止できる、非常に重要なツールになる。逆に、脱メチル化のプロセスも行い得る。すなわち、ゲノムの状態を可塑的に、かつ、一定期間書き換えるのに非常に適している。

このようなDIGIOMEの一時的書き換えツールとしてのプロモーターメチル化は生命体において多用されており、それだけに非常に頻繁に研究がなされているエピジェネティクスでもある。以下、いくつかのゲノムのメチル化の事例について触れる。

5・1・1　ゲノム刷り込み《インプリンティング》

ヒトを始めとする哺乳動物はY染色体の有無で雌雄を決するため、オス（X・Y染色体が一つずつ）とメス（X染色体が二つ）ではX染色体の数が変わってしまうという問題がある。したがって、そのままでは、X染色体を二つ持つメスのX染色体上のDNAにコードされたRNAの変換量はX染色体を一つしか持たないオスの二倍になってしまう。そこで、哺乳類のメスでは、X染色体の片方（通常はオス＝父親由来のほう）のプロモーターを選択的にメチル化してDNAがRNAにならないようにしてしまうことで、メスのRNAの量がオスの倍になることを防いでいる。これを専門用語で、ゲノム刷り込み《インプリンティング》と呼んでいる。

メスにおいて父親由来のX染色体が発現しないようにメチル化されているのはじつに妥当な話だが、実はこれは多くの生命で一般的な仕組みではない。哺乳類の性別はみなこのX染色体、およびY染色体という性染色体で決まっている（X染色体二個ならメス、X染色体とY染色体一個ずつならオス）が、この性染色体でオスメスが決まるという仕組みは、オスメスがあるすべての生命に普遍的な仕組み、というわけではない。たとえば、一部の魚ではオスメスは誕生時ではなく、ある程度成長が進んでから決まる。そもそも、性別は生殖にしか関係ないのだから、生殖可能な段階になる前、たとえば誕生時に性別が決まっているほうが不合理だろう。ウナギは養殖が難しいとされているが、その原因の一つは養殖するとみなオスになってしまうことにある。これでは養殖が難しいどころか、サケのように稚魚を放流して資源を保全することも難しい。そもそも、性染色体がないのだから、当然、そのような生物には「父親由来の性染色体をメチル化して遺伝子が働かないようにする」という仕組みは必要なく、当然、ゲノム刷り込みという仕組みがない。

それでは、進化の過程のどの段階でゲノム刷り込みという仕組みが導入されたのだろうか？オスメスを性染色体で決定する生物がみなゲノム刷り込みを持っている、ということだったら簡単だったのだがそうはいかない。たとえば、一部の昆虫はXO型といって、X染色体が一個ならオス、二個ならメスという、X染色体とオスメスの対応関係に関する限り、我々人間を含む哺乳類と同じ性決定システムを持っているが、現在のところゲノム刷り込みはこれらの昆虫には見つかっていない。

鳥類は、恒温動物だし、卵生であることを除けば、我々人類を含む哺乳類に近い生命であり、性も染色体で決まっている（ZとWの二種類の性染色体を持ち、Z染色体二個だとオスに、Z染色体一個とW染色体一個だとメスになる）。しかし、じゃあ、鳥にはゲノム刷り込みがあるかというとない。いまのところ、ゲノム刷り込みはカモノハシのような単孔類（卵生の哺乳類）には見つかっておらず、カンガルーのような有袋類（胎生だが胎盤を持たない哺乳類）から見つかっているようなので、ゲノム刷り込みは進化のかなり最近になって生じたより高等な哺乳類（有胎盤類と有袋類）に特異的なエピジェネティクス効果のようである。

このゲノム刷り込みはおそらくは性染色体による性決定システムと相補的に進化してきたものだとは思われるが、実は、高等哺乳類においてはゲノム刷り込みは他の用途にも使われている。数は限られる（全体の一％程度）が、性染色体ではない染色体上の遺伝子の一部がやはりゲノム刷り込みを受けている。ただし、性染色体と違って、オスもメスも二組の遺伝子を持っているから、必ずしも父親由来の遺伝子だけがゲノム刷り込みを受けるわけではなく、母親由来の遺伝子のほうがゲノム刷り込みを受けて発現しなくなっている場合もある。

一見、これは不合理なシステムに見える。父親由来と母親由来の二重の遺伝子を持っていれば、どちらかの遺伝子に致命的なことが起きても大事には至らない。ジェット旅客機に単発機（エンジンが一基の飛行機）は存在しないが、これは単発機ではエンジンに事故が起きたら取り返しがつかないからだ。たいていのジェット旅客機はエンジンが二基のうち一基生きていれば、着陸するだけの推力は得られるように設計されている。同じように、ゲノム刷り込みがされていない遺伝子であれば異常が起きても大丈夫だが、ゲノム刷り込みされている遺伝子の対応物のほうが壊れてしまったらなすすべがない。

実際、ゲノム刷り込みに関係する遺伝子に異常が起きることで生じる病気がある。たとえば、シルバーラッセル症候群という名前で知られる稀な病気はゲノムが正しくメチル化されていないために（ただし、ここで正しくメチル化されていないのはプロモーターではなくエンハンサーと呼ばれる別の領域であるが）、胎内での発生段階で働くべき遺伝子が働かず、発達異常を起こす。「その症状は重度の子宮内発育遅延、出生後の重度の成長障害、三角の顔や広い額などのような頭蓋および顔面特徴、身体非対称と他の様々な小奇形によって特徴づけられる臨床的に多彩な症状を呈する」（難病情報センター）にもかかわらず、これまでのところ、治療法は見つかっておらず、対症療法が主である。また、根本的な治療法はないため長期介護が必要となる症例がほとんどである。

なんで必要もないのに一部の遺伝子がわざわざゲノム刷り込みされて疾患の可能性を高めているのか？　有力な説として単為生殖を防ぐ、というのがある。シルバーラッセル症候群が胎内での発生時の異常であることからもわかるように、ゲノム刷り込みされている遺伝子は初期発生時に機能する遺伝子が多い。単為生殖は、受精しない未受精卵、つまり、染色体が母親由来のものしかない状態がそのまま発生して大人になってしまうことで、わりと多くの生物で見られる。たとえば、昆虫はXO型の性染色体ではオスになる、と述べたが、ハチではこれを利用して単為生殖するとオスになるというシステムを普通に取っている。つまり、ハチでは単為生殖は異常ではなく、通常の発生過程なのである。

単為生殖はもっと高等な生物にも見られ、鳥類の一種である七面鳥でも単為生殖は普通に見られる（ただし、あくまで発生過程が始まってしまう、というだけでほとんどの場合は孵化《ふか》する前に死んでしまうようではあるが）。一方、一般にギンブナと呼ばれている魚類では単為生殖しかない。つまり、全部メスである。稀に、交尾可能な他種の魚類のオスから精子を得ることはあるようだ。こんなふうに単為生殖はわりと「あり」な発生パターンなのだが、単為生殖する（高等）哺乳類は知られていない。これは発生過程で重要な遺伝子がゲノム刷り込みされているため、メス由来の遺伝子だけの発生では途中で頓挫するからだろう、と信じられている。だから、高等哺乳類では、おそらくは性染色体による性決定システムと同時に進化したと思われるゲノム刷り込みのシステムを単為発生の抑止に援用したのでは？　と考えられているのだ。

こんなふうにある目的のために進化した仕組みを簡単に他の目的に転用できたりするフレキシビリティがあるのも、ＤＩＧＩＯＭＥならではの特質だと言えるだろう。デジタル情報処理系だから簡単に機能の転用ができるのだ。

5・1・2 がんのメチル化——がんによるＤＩＧＩＯＭＥへのクラッキング

ヒトゲノムプロジェクト完遂以前のがんのイメージとは、ゲノムの変異が蓄積した結果、異常を起こして臓器ががん化するというイメージであったが、ヒトゲノムプロジェクト完遂後のがんのイメージは大きく変化した。がん化以前・以後のＤＮＡのメチル化を比較した結果、大きな差異が認められたためである。

胃がんはＤＮＡのメチル化との関係が深いがんとしてよく知られている。がんの発生は、生体から見れば前述のように細胞の分化の異常であるため、がん化を抑制する機能を持つ遺伝子が複数知られている。胃がんにおいては、そのいくつかのプロモーターがメチル化されており、ＤＮ

ＡからＲＮＡへの変換ができなくされていた。この遺伝子を抑制すると実際、胃がんの細胞が活性化することが培養細胞や動物実験で確認されている。

このことは、がん化とは一種のＤＩＧＩＯＭＥに対するクラッキングであることがわかる。前述のがんによる代謝系への干渉を含めて、がんはＤＩＧＩＯＭＥを巧妙にクラッキングすることで自己に有利な環境を作り出し、増殖を繰り返していると考えられる。そのありさまを傍から眺めると、これが単なる偶然の組み合わせで行われているとは信じがたいくらい組織的かつ巧妙である。まるでがんが意思と決意を持って、ＤＩＧＩＯＭＥをクラッキングしにかかっているとしか思えない。

前述のオプジーボは、このがんによるＤＩＧＩＯＭＥへのクラッキングである免疫系への干渉を理解したうえで、がんに対する治療薬を開発できた稀《け》有《う》な例である。虫下しのがん治療薬への転用の可能性の指摘（１６６～１６７ページ）もこのような方向性による創薬である。しかし、がんに対する画期的な特効薬とみなされているオプジーボも約三〇％の患者にしか効果がなく、その理由は不明である。今後は、がんとはＤＩＧＩＯＭＥに対するシステマティックなクラッキングであるという観点から理解を進めることが肝要になるだろう。

また、かねてからピロリ菌の感染が、胃がんの発症率を上げていることが知られていた。従来のがん観では、がんとはＤＮＡの変異の蓄積で起きるもの、とされていた。細菌やウイルスが感染して細胞が破壊されれば組織はそれを補うために細胞増殖を活性化することを迫られる。その結果、細胞の分裂のたびに繰り返されるＤＮＡの複製の回数も増大する。ＤＮＡの複製は、所詮は化学反応に媒介されている以上、誤差ゼロではあり得ず、細胞増殖回数の増大↓ＤＮＡの複製の失敗頻度の上昇↓ＤＮＡ変異の蓄積の加速↓がん化というプロセスは容易に想像できる。実際、肝がんの大部分は肝炎ウイルスの感染↓肝炎の発症↓細胞増殖の頻度上昇↓ＤＮＡ変異蓄積の増大↓がん化というプロセスを経ると一般には信じられている。だから、ピロリ菌の感染が胃がんの発生頻度を上げること自体にはそれほど意外感はない（胃は胃酸のために低pH環境にあるため、通常の細菌は死滅してしまい増殖できない）。

だが、一連の研究で、ピロリ菌の感染で引き起こされる胃炎がＤＮＡのメチル化を亢進していることが報告された。これによりピロリ菌が胃がんの発症率を上昇させる要因として、単に遺伝子の変異を促進するというのではなく、胃炎の発生を介したＤＮＡのメチル化を通してというルートも現実味をおびてきた。

急性胃炎ではＤＮＡのメチル化の亢進は起きないことが報告されたこともあり、なぜ、慢性胃炎がＤＮＡのメチル化を亢進するのかはよくわかっていないようである。これがわかれば胃がんの予防や治療に大きな進展が期待できる。

大腸がんの発生に、共生細菌が産生する代謝物の産生量異常が関係していた（172ページ）ことはすでに述べたが、がんのような従来の観点からは主に内生的な（感染症は二次的な原因でしかない）疾患と思われていたものにも、感染細菌の関与を考慮しないといけない時代になりつつあるのかもしれない。従来にも増してシステム的なアプローチが必要となっている。

前述のように、大腸がんには共生細菌の代謝物のすべて《メタボローム》が関係していることがわかっているが、一方で、DNAのメチル化も関係していることが報告されている。この二つががん化に関して独立した要因なのか、相関した要因なのかも重要である。マルチオミックス＝異なったレイヤーを統合的に解析する、というレイヤーに、従来のゲノム、RNAのすべて《トランスクリプトーム》、タンパクのすべて《プロテオーム》、代謝物のすべて《メタボローム》の四レイヤーにエピジェネティクスも加えないといけないのはこのような理由による。だからこそ、マルチオミックスを扱う本章で、エピジェネティクスの解説をわざわざしているのである。

がん化とDNAメチル化が関係していることが示唆されているがんには他に、食道がん、乳がん、前立腺がん、神経芽細胞腫、悪性黒色腫などが知られている。おそらくはがん化にDNAメチル化が関係していないがんのほうが少ないだろう。

がん化とＤＮＡのメチル化の関係の研究はまだ始まったばかりであり、大きな進展が望まれる分野でもある。たとえば、喫煙が食道を構成する細胞のＤＮＡメチル化を亢進することで食道がんを誘発している可能性が最近示された。喫煙は肺がんとの関係は昔から指摘されていたところだが、食道がんとの因果関係が指摘されたのはＤＮＡメチル化とがん化の関係が研究されたからこそだ。言われてみれば、確かに喫煙すればタバコの煙は肺に到達する前にのど＝食道を通過するのだから、喫煙が食道に悪影響を与えていてもなんの疑問もないが、実際に研究してみて、喫煙と食道がんを媒介する因子として初めてＤＮＡメチル化が発見されたわけだ。疫学的な研究＝どのような生活習慣ががん化に影響するかということについての統計的な研究では、すでに喫煙と食道がんの関係は指摘されていた。ただ、何がその二つを結びつけているか＝「動因」は疫学的な研究からはわからない。

今後研究が進んでいけば、さらにいろいろな因果関係が示唆されて、がんの予防や治療に役立つ情報がたくさん得られる可能性が期待される。

おそらく、その気になればがん化とＤＮＡメチル化だけに限ってブルーバックスを一冊書けるだけの知見はすでに溜まっているのではないか、と思われる。

5・1・3 神経変性疾患とDNAメチル化

神経変性疾患というカテゴリがある。あまり聞き慣れない言葉かもしれないが、この疾患にはアルツハイマー病、パーキンソン病、ハンチントン病、筋ジストロフィー、筋萎縮性側索硬化症（いわゆるALS）などが属しているので、個々の疾患名は聞いたことがあるかもしれない。

これらの疾患は症状はマチマチなのだが、「RNAのすべて《トランスクリプトーム》」に注目すると、異常が起きているRNAがかなり被《かぶ》っているのでは、という説が最近現れつつある。いままで、病気というものは「症状」で分類されていた。それはある意味、無理からぬところがある。あまり医学が進んでいなかった時代には症状以外に病気を分類する方法がそもそもなかった。また、同じ症状なら対症療法的には同じ治療法が使える（痛みには鎮痛剤）。

だが、この本でこれまで見てきたように、我々はすでにDIGIOMEについての豊富な情報を手にしつつある。当然、疾患ごとにこの情報を比較検討するという研究が盛んに行われるようになった。そこでわかってきたことは、症状が異なっていてもDIGIOMEレベルでは同じ異常が起きていることがまま見られるという発見である。

疾患の原因は症状ではなく、DIGIOMEのほうの異常に起因しているのだからそちらで病気を分類しようという動きが出てくるのは当然だろう。僕は臨床医ではないし、こんなことを書くのはある意味で無責任なのだが、近い将来、疾患は症状ではなく、ＤＩＧＩＯＭＥにどんな異常が起きているかで分類されるようになっていくのではないか、と感じている。実際、最近はがんに関連する遺伝子異常の研究が進んだ結果、がんを発生部位ではなく、原因遺伝子で分類するほうが合理的なのではという動きが出ている。たとえば、国立がん研究センター研究所の研究員たちの手による『「がん」はなぜできるのか』（講談社ブルーバックス）という本には、

「たとえばＡＬＫ遺伝子の変異によるがんは、がん遺伝子の名称とがんを意味する英語カルシノーマ（carcinoma）とを合成して『ＡＬＫｏｍａ《アルコーマ》』と総称し、腎臓のアルコーマ、肺のアルコーマなどと呼ぶようになるかもしれません。原因遺伝子に基づいた合理的な命名法といえるでしょう」

という記述がある。医学だって変わりつつあるのだ。

そのような観点からすると、ＤＮＡのメチル化は非常に有望なオミックスだ。ここまで見てきたように、ＤＮＡのメチル化は可塑性と継続性を兼ね備えた変更をＤＩＧＩＯＭＥに加えることができる。その意味では後天的な慢性的疾患の原因として最適である。だから、神経変性疾患の原因としてＤＮＡメチル化も当然のように候補にあがっている。

残念ながらこの方向の研究はまだ始まったばかりなのだが、それでも少なくとも、アルツハイマー病とパーキンソン病については、DNAメチル化がいくつかの遺伝子で患者の脳で有意に変化していることが確認されつつある。つまり、DIGIOMEの一時的な書き換え＝クラッキングが、実際に神経変性疾患を引き起こしている可能性が示唆されたのだ（というか研究している人たちはたぶん、そのことにもう疑いは持っていないと思う）。

あんまり強調はされていないみたいだが、これは結構、すごいことだ。元来、病気というのはもっと直接的なものだと思われてきた。感染症は細菌が人間の体内であからさまに悪いことをするから起きる（前述した大腸内の共生細菌の例に見るまでもなく、我々の体は細菌まみれだが、人体に害をなす細菌はそのうちのごくわずかである）、遺伝子が原因の場合でも、実際に作られたタンパクが異常な形状になることで起きる（たとえば、プリオン病）、と思われてきた。

DIGIOMEのデジタル情報の改変自体が直接疾患のトリガーになり得る、という考え方は、疾患のようなマクロな現象にさえ、ゲノムをDIGIOMEとして捉える見方がもはや不可欠なことを如実に示している。

この本で何度も強調したように、我々はDIGIOMEがどのように機能しているのかまるでわかっていないので、何が「異常」なのかを判断するすべも持たない。だから、せいぜいできることは、健常者と患者のＤＮＡメチル化を比べて、どこが変わっているか（書き換えられているか）を調べることくらいである。だが、将来は、疾患の中のかなりの割合がＤＩＧＩＯＭＥのクラッキングとして理解され、治療法もその文脈で理解されていくことになるのではないか、と個人的には強く感じている。

5・1・4 神経変性疾患とヒストン修飾

修飾が起きるのはＤＮＡだけではない。タンパクもまた修飾される。ＤＮＡのメチル化はプロモーター領域に生じることで間接的に転写因子のＤＮＡへの結合を阻害することでＤＮＡからＲＮＡへの変化を遮断する、という形で、疾患の原因にまでなるほどの大きな影響をＤＩＧＩＯＭＥに与えてみせた。実際、そうでなければメチル基という小さな分子の結合がそこまで大きな影響を与えるのは難しかっただろう。

同じような意味で、巨大な分子であるタンパクに小さな分子が結合して修飾されたところで大きな影響を与えるのは難しい。もし、修飾がタンパクの機能に大きな影響を与えることができるとしたらそれはなんだろう？

それは言うまでもなく、結合部分だろう。ＤＮＡのメチル化が、転写因子のＤＮＡへの結合を阻害し得たように、タンパクの修飾がタンパクの機能に影響を与え得るとしたらそれはタンパクと何かの結合を通してだろう。

実際、いままで見てきたように、タンパクの機能の多くは何かとタンパクの結合を通じて発揮されてきた。それはあるときは、受容体として他の分子と結合することでセンサーの機能を実現し、またあるときは、酵素として他の分子と結合することで化学反応を促進し、そして、たったいま見たばかりの転写因子はＤＮＡと結合することで。

このような文脈からいま（昔からかもしれないが）、大きな注目を集めているのは、ヒストンというタンパクのメチル化だ。いままで、ヒストンというタンパクは出てこなかったのでちょっとだけ説明しよう。

ＤＩＧＩＯＭＥがチューリングマシンにおけるテープ部分として機能するには、当然、ヘッドに相当するタンパクが結合できる必要がある。だが、仮想的な実在であるチューリングマシンのテープと違い、ゲノムは総長三〇億塩基に達する長大な紐である。この紐の任意の場所にアクセスを許すハードを設計することは簡単ではない。

実際、かつて（といっても、実は最近、テープは磁気記録密度を飛躍的に上げることでまた復活しているのだが）、コンピュータの記録媒体にいわゆる磁気テープが使われていたときには、磁気テープは

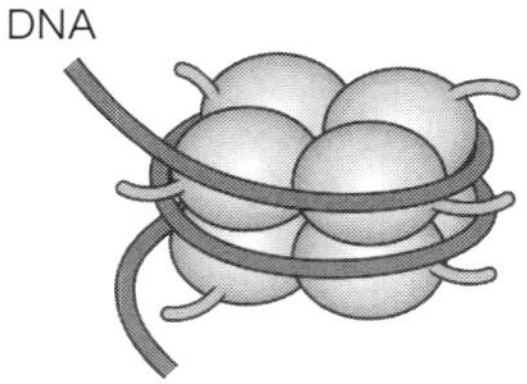

図5-3　ヒストン
4つのヒストンで1つの芯を構成し、この芯が2つで一体になったものに、DNAが2周巻き付くのが基本構造。ヒストンについている「しっぽ」がヒストンテールで、化学修飾を受ける部分。

リールと呼ばれる糸巻きのようなものにきれいに巻き付けられて保管されていた。これは長いテープが絡んだりしないためのじつによくできたハードウェアであったが、大きな問題があった。巻いた状態のままでは読み書きができないということだ。この結果、巻かれたテープの記録部分にアクセスするには、いちいちテープを別のリールに巻き取りながら展開し、当該部分が露出するまで頑張らないといけないという欠点があった。

ＤＩＧＩＯＭＥはこの「長いテープを絡まずに格納しながら、かつ、ランダムアクセス性は確保したい」という難題を階層的な巻き付けという方法で解決した。まず、テープのリール部分にあたる芯をタンパクで準備する。これがヒストンである。つまり、ヒストンはＤＮＡを巻き付けるリールの役目をする。ただし、ヒストンは円柱というより、内角が九〇度の扇形をしており、これが四つ向き合うことで円盤状のリールを構成している。ＤＮＡはこの上に巻き付くのだが、そこでリールに巻き付くように重ねて巻き付くのではなく、螺旋状に巻き付くことで重ならずに巻き付く。こうすれば、内側に巻き込んでしまった部分にアクセスするために全体を解く、という馬鹿な作業からは解放されるが、その代わり、場所を節約するというリールの重要な機能が失われてしまう。

これを代替するために、ゲノムは、ヒストンに巻き付いたDNAをもう一度紐とみなして巻き付かせてより太い紐にし、さらにこれをまた、という階層的な螺旋巻き付きでコンパクトに格納することを選んだ。これなら、ゲノムの任意の場所にアクセスするのに、その近傍の階層的巻き付けだけを開けばいいので問題はない。

このヒストンにはDNAが巻き付くコア部分とは別に、テールと呼ばれる一次元的に伸びた「ヒゲ」状の部位がある。そして、このテールが修飾されることで、ヒストンでできた円盤どうしの結合（スタッキングと呼ばれる）の状態が変化することが知られている。

ヒストン円盤がきれいに重なれば、DNAはヒストンにきっちり巻き付くが、そうでない場合はゆるんでしまい、ヒストン円盤どうしに「すきま」ができてしまう。結果、すきま部分のDNAはむき出しになる。こう書くと悪いことのようだが、このむき出し部分は解かなくてもヘッドに相当するタンパクが接近できるのでこの部分はDNAからRNAを変換するのが容易になる。要するに、ヒストン円盤のスタッキングをコントロールすることは、メチル化のプロモーターへ

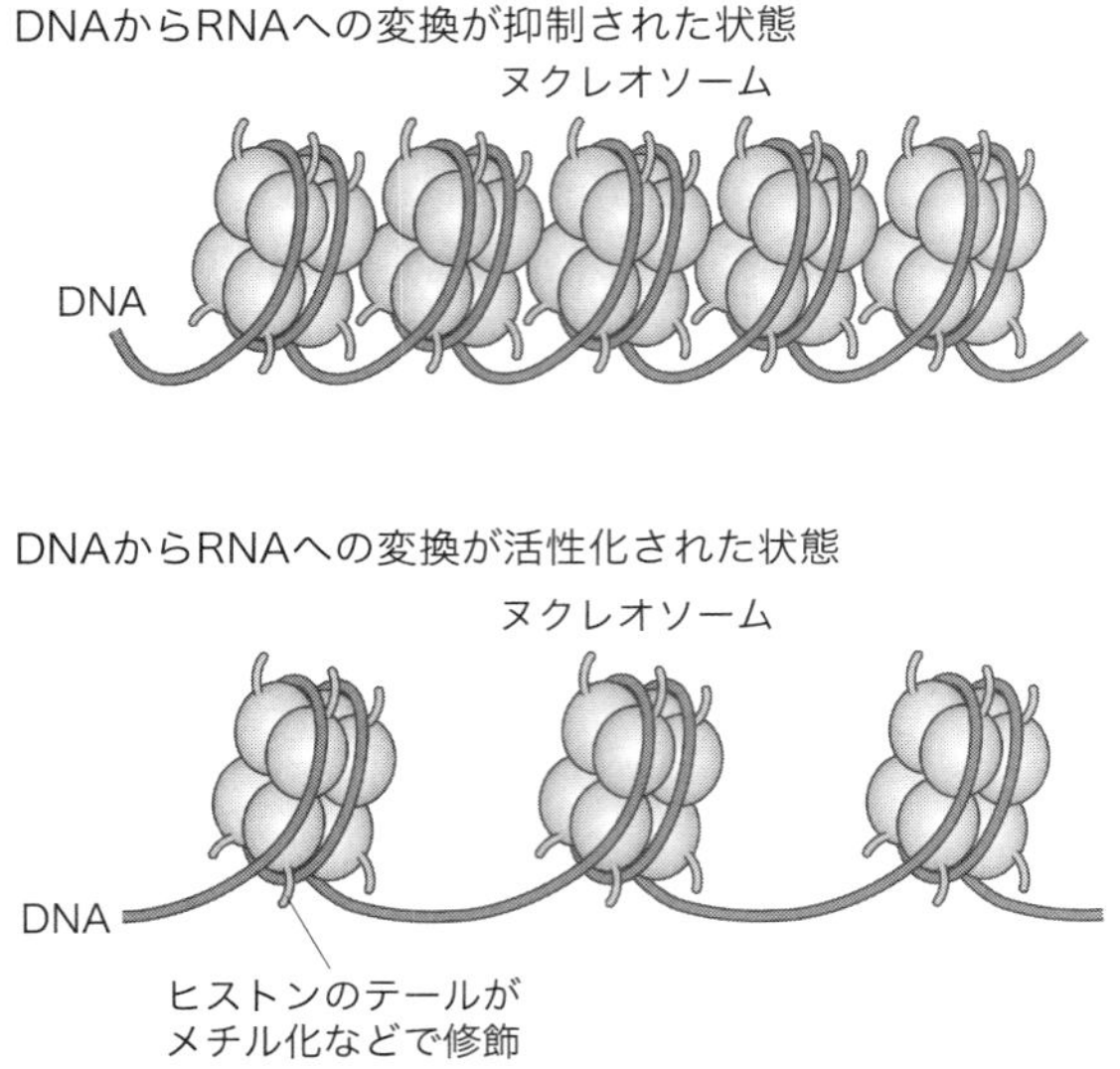

図5-4　DNAからRNAへの変換
ヌクレオソーム（図5-3で述べた基本構造）の間隔は自由。間隔が広がると、DNAがむき出しになり、DNAからRNAへの変換が容易になる。

の結合がＤＮＡからＲＮＡへの変換をコントロールするというのと同じ意味で制御を行えることになる。

　ヒストンテールの修飾は、ＤＮＡのメチル化と異なり、細胞増殖時に複製されるわけではないので、ＤＮＡのメチル化ほどＤＮＡからＲＮＡへの変換について強固な影響を与えるわけではないが、それでも、広義にはＤＩＧＩＯＭＥの駆動するハードウェアに干渉するという意味で、制御を行っていると言えるだろう。

　実際に調べてみるとアルツハイマー病やパーキンソン病で、アセチル化という化学修飾がヒストンテールで起きていることがわかった。ＤＩＧＩＯＭＥへの干渉が起きているのはＤＮＡを通じてだけではなく、読み出しのハードウェア（＝ヘッド）であるタンパクへの修飾を通じても行われている可能性が出てきたのだ。

もし、これが正しいとすれば、ＤＩＧＩＯＭＥを単に情報が書かれたテープとして見るだけではなく、アクセス可能性まで考慮したハードウェアとしての考察も重要になる、ということである。

ＤＩＧＩＯＭＥに対するより深い知見が疾患の治療法を開発するのに重要だ、ということなのである。

5・2 エピトランスクリプトーム

ゲノム、ＲＮＡのすべて《トランスクリプトーム》、タンパクのすべて《プロテオーム》、のセントラルドグマに関わる三レイヤーのうち、ゲノムとタンパクのすべて《プロテオーム》は修飾を受けていた。では、残る一つはどうなのか、というのは当然の疑問だろう。

結論から言うと、ごく最近、ＲＮＡのすべて《トランスクリプトーム》も修飾を受けていることが判明した。これを、おそらくはエピゲノムのもじりだとは思うが、エピトランスクリプトームと呼んでいる。エピトランスクリプトームはRNAの化学修飾であり、エピゲノム以上に最近の発見なので、研究が進んでいない。

だが、これが広義のDIGIOMEに対するクラッキングなのは間違いない。また、チューリングマシンとのアナロジーで言えば、テープ（＝ゲノム）でもヘッド（＝タンパク）でもない、第三のレイヤーに対する干渉という意味では、ある意味、チューリングマシンとのアナロジーを超えたDIGIOMEに対する干渉であるとも言える。

それでも、RNAというDIGIOMEのデジタルレイヤーへの干渉という意味では、エピゲノムと同じような本質的な干渉であるとも言える。

RNA修飾が、ゲノム（DNA）やタンパクの修飾に比べて、より本質的だとみなされて最近大いに注目を浴びているのは以下のような理由による。まず、ゲノムの修飾（プロモーターのメチル化）の場合には、DNA自体には主体的な機能があるわけではないので、修飾の影響はどうしても間接的なものになる。

一方で、タンパクは巨大分子すぎるので、仮に、タンパクを直接修飾できても、与えられる影響はたかだか他の分子との結合度くらいである。

だが、ＲＮＡとなるとわずか二十数塩基しかないマイクロＲＮＡの例を見るまでもなく、タンパクよりずっと小さいサイズの分子がたくさんあり、そして、それ自身が機能を持っている。さらに、ＲＮＡの場合は、タンパクの量にも影響を与え得る。だから、ＲＮＡの修飾にはなんらかの機能があることが期待できる（このあたりはＲＮＡ編集のところ［97ページ］でも少し触れた）。

ＲＮＡ修飾自体は、それほど新しい概念ではない。たとえば、塩基三分子からなるコドンとアミノ酸一分子を関係づけるアダプターである転移ＲＮＡに対する修飾が、転移ＲＮＡと塩基の結合性に影響を与えることは知られていた。最近、この異常が疾患に関係していることがわかってきて、ＲＮＡ修飾病（ＲＮＡ修飾の異常に起因する病気）という言葉まで提起されてきており、前述の「疾患を症状ではなくＤＩＧＩＯＭＥの異常で分類する」という傾向を地で行くような展開が起きてきている。

だが、最近特に注目を集めているのは、やはり、ゲノムの塩基配列がきっちりわかったヒトゲノムプロジェクト完遂以降でなくては不可能だった、多種のＲＮＡに対して同時に起きている無数のＲＮＡ修飾の研究である。

全部で百数十種類ある（99ページで述べたA-to-I ＲＮＡ編集もその一つである）とも言われるＲＮＡ編集のうち、m^6A 修飾塩基と呼ばれる、アデニン（ＤＮＡを構成する四つの塩基のうちのＡ）

の六位（アデニンの中にある炭素六分子からなる六員環の六番目の場所を意味する）がメチル化される脳内RNAの修飾だけに限ってもたくさんのことに関係している。概日リズム（いわゆる、二四時間周期の時計を生命体が等しく持っていること）の調節、ドーパミン（脳内麻薬とも言われる快感に関係するホルモン）報酬系制御、恐怖学習（いわゆるトラウマ）、普通の学習、損傷末梢神経の回復、精神ストレスによってm^6A修飾の量が変化することなど、これだけでゆうにブルーバックスが一冊書けるだけの新たな知見がここ数年でどんどん見つかっている。

ここではその中でも興味深い、神経シナプスの可塑性とm^6A修飾の関係について述べておこう。神経シナプスに可塑性が必要なのは、それが学習に関係しているからだ。通常のコンピュータのメモリーでは微小なコンデンサに電荷を蓄えることで、電荷の有無で0と1の二状態を実現している。シナプスもこのような変更可能な内部状態を何かしら持っているはずであり、その候補としてRNA修飾があがっているわけだ。詳細な研究の結果、シナプスで特異的に（脳内のシナプス以外では起きていない、という意味で）m^6A修飾されているRNAをコードする遺伝子は一〇〇〇個以上あることがわかった。しかも、これらのRNA量自体は変化していなかった。つまり、従来のセントラルドグマのラインから外れた「何か」が起きている可能性が示唆された。

ここまで述べてきたDIGIOMEへの干渉は、結果的には、間接的にでも多かれ少なかれ、セントラルドグマのラインの中の「何か（たとえばRNAの発現量とか）」を変えていたわけだが、これに関する限り、全然、別の情報空間の可能性（＝m^6A修飾の有無自体がメモリーとして機能している）が示唆されたことになる。

もちろん、このシナプス特異的なRNAのm^6A修飾が、実はただ起きているだけでなんの生物学的な機能も果たしていないという可能性もある。だが、もし、そうではないとしたら、DIGIOMEへの改変自体がメモリーとして機能しているのかもしれない（シナプスは学習を司る器官である）。実際、RNAのm^6A修飾が記憶に関係する脳の重要部位である海馬での記憶に深く関わっているという研究が報告され始めている。この本の続編を一〇年後（？）に書く機会があったら、きっとそのころはいろいろわかっているだろうから、ぜひ、それについて述べてみたいと思う。

5・3 マルチオミックス解析

ここまでゲノム、RNAのすべて《トランスクリプトーム》、タンパクのすべて《プロテオーム》、代謝物のすべて《メタボローム》、の各オミックスについて述べ、また、この章の前半では、エピジェネティクスとエピトランスクリプトームという新しい概念を述べてきた。

そのほとんどが、ヒトゲノムプロジェクトの完遂後、二一世紀になってからの二〇年間で本格的な網羅的解析が始まった概念ばかりで、最も新しいエピトランスクリプトームに至っては、まだ一〇年以下の研究期間しかない。だから、まだ個々のオミックスについて全貌がわかっているわけではない。

それでも、それらをバラバラに解析するのではなく、統合的に解析すべきだというのは暗黙の了解になっている。にもかかわらず、これらをどう統合的に解析すればいいかということについては、暗中模索の状態だ。

なぜか。

ここでちょっと映画作りを考えてみよう。ハリウッドものの上映時間二時間の映画を見終えたら、これでもか、というくらい長いエンディングが待っている。字が小さすぎて、全員の名前など把握できないような速度で字幕は流れていくのに、数分にわたってそんな画面が続くのは当たり前になっている。

それもある意味、当然なのだ。エンディングに映し出されるのは、直接映像制作にタッチした人ばかりではない。たとえば、これがSFとか、歴史物とか、ファンタジーだったら、画面に登場する小道具を一個一個手作りしないといけないだろう。

俳優が着る衣装だって、デザインからする必要がある。住居も言わずもがなだ。

さて、ここで、なんの映画かまったく知らされずに、不完全な映像と音響のデータが与えられたと考えよう。あなたのタスクは元の映画を再現すること。といっても、まず、一つ一つの場面が、全部、ジグソーパズルよろしく、バラバラになっているとしよう。しかも、パーツは部分的に欠けている可能性もある。フレームごとなくなっている場面があるかもしれない。挙げ句にジグソーパズルのパーツの切り方はバラバラで、複数の画面のパーツが混じっているかもしれない。音声データもバラバラで、画面との対応は取れていない。音声だけあるのに画面がない場所や、その逆の場所がある。さらに、登場人物のセリフもとぎれとぎれで、ある場面では登場人物Aのセリフが欠けていて別の人物Bのセリフが聞こえるが、別の場面では逆にBのセリフが聞こえなくて、Aのセリフが聞こえる。映像と音響の対応関係もまったく不明。この状態で「二時間の映画をなるべく元を再現するように復旧してください」というタスクが与えられたらどうだろうか？　まあ、気が変になるほど大変な作業だという以上のことは、普通はわかりようもないだろう。

マルチオミックス解析が難しいのはある意味で、これと同じことをしろと言われているからだ。様々な実験条件で、どのタンパクとどのタンパクが結合して、ネットワークを組んでいるのかを推定するのは、画面の断片を組み立てるジグソーパズルのようなものだし、画像に対応する音声を見つけるのは、どのマイクロRNAがどのRNAを標的にしているのかを見つけるようなもので、要するに同種のものどうし（ジグソーパズルのパーツどうし、または、タンパクどうし）の関係を見つけると同時に、異なったレイヤーの対応関係（画像対音声、または、マイクロRNA対RNA）も見つけないといけないというところが、難しい。

さらに問題なのは「本当に関係しているのはどれとどれなのか」を確認するのが難しいことだ。ジグソーパズルのピースなら、ぴったりあうかどうかで正しいかどうかがわかる。だが、数万個のタンパクのどれとどれが実際に相互作用しているかを網羅的に一度に知る実験的な方法は存在しない。勢い、「AというタンパクとBというタンパクは実験条件を変えたら同時に量が増えたので相互作用があるに違いない」というような極めて曖昧な根拠で実際に相互作用があるかどうかを決めるしかない。

その際、「同時に増えた」のが偶然かどうかをちゃんと確かめる方法はない。できることは「たくさんあるタンパクがまったくランダムに量が増えたり減ったりしたら、偶然同時に増えたように見える確率はどれくらいか？」という非常に間接的な確認だけだ。たとえば、二つの異なった条件（たとえば、患者と健常者）を一〇回（人）ずつ計二〇回（人）、行ったとき、二種類のタンパクがそれぞれ同時に上がったり下がったりすることが偶然起きる確率は二の二〇乗分の一、すなわち約一〇〇万分の一でしかない。

一見、これだったら確実だと思われるかもしれないが、実際は、そんなに簡単ではない。タンパクは二〜三万個あるから、そのペアの数はだいたいその二乗くらいあるので、四〜九億個以上である。まったくの偶然でも一〇〇万分の一でしか起きないことが四〇〇回以上は起きてしまう数だ。だから、偶然には起きないことが起きた、というだけで、どのタンパクとどのタンパクが相互作用しているかを判断するのは非常に難しい。

だから、残念ながら、DIGIOMEを解析するために最終的なゴールだと目されるマルチオミックス解析はまだ画期的な成果をあげられていない。DIGIOMEを完全に理解するにはこのレベルの理解が欠かせないが、それはまだできていないのである。

このような問題が起きる背景には、現在の技術では「相関（＝AとBが関係していること）」は検出できても因果関係（＝AがBの原因であること）の検出が難しい」という問題がある。例をあげよう。かつて、環境ホルモン（＝人間に大きな影響を与えるホルモン様物質が環境にあることで人間の健康に影響を与えること）が問題になったとき「都心の若者のほうが精液の量が少ない」という報告がなされた。環境ホルモン問題の危険性を訴えていた一派は、すわ、となった。これこそまさに環境ホルモン（＝都心のほうが地方より当然量が多いとみなされた）の影響であると思ったのである。だが、実際には、都心の若者が性行動が活発だったため、射精回数が多く、精液が溜まる余裕がなかっただけだったということが明らかになった。

これは典型的な例だが、いかにも関係がありそうな、二つの事象が相関していても、それは必ずしも因果関係を意味しない。誰も注目していないCという要因があり、CがAとBを引き起こしたら、見た目上、AとBが関係しているように見える。

マルチオミックス解析が難しいのも同じような理由だ。AというタンパクとBというタンパクの量が連動して変化しているように見えても、それは直接関係しているのではなく、他のオミックスレイヤー、たとえば、代謝物や、プロモーターに結合する転写因子や、マイクロRNAが影響していないとは言えないのである。結局、マルチオミックス解析を本当の意味でやるには、観測手段の開発が圧倒的に足りない。そのためには多くの人的あるいは、金銭的な支援が欠かせない。

5・4　ＡＩ＝機械学習でも困難な因果関係の推定

ロバストなデジタル情報処理系という意味ではＤＩＧＩＯＭＥはＡＩ＝機械学習のシステムとよく似ている、という話をした。現在、ＡＩ＝機械学習分野では解釈可能性ということが問題になっている。ＡＩが何かを予測した場合、それを信用するかどうかを判断する基準として「なぜ、そういう決断をしたのか」の理由を知りたいと人間は願うわけだが、現在のＡＩ＝機械学習は必ずしもそれを提供できないという問題がある。

たとえば、ＡＩ＝機械学習がある銘柄を「買い」と推奨し、その指示に従って株を買い、儲《もう》かったとしよう。さて、これは「まぐれ当たり」だったのかそれともちゃんとした根拠に基づいた判断だったのか、その区別は難しい。というのは、ほとんどの場合、ＡＩ＝機械学習が見ているのは「相関」だけで因果関係ではないからだ。相関の中には、意味がある相関と、たまたま関係しているように見えるだけという相関があるが、この二つを区別する方法をほとんどのＡＩ＝機械学習は持っていない。できることはたかだか、一部の正解をわざと隠しておいて推定させ、それが合っているかどうかを確認することぐらいだ。これだと、本当に因果関係がある場合は確かにこの試験はパスするだろうけれども、たまたま相関しているように見えるという場合を一〇〇%は排除できない。

たとえば、昔、「朝食を規則正しくとる子供は学校の成績が良い」という事実が報道されたことがある。こう書いてしまうと、なんだか「朝食を規則正しくとることで成績が向上する」と読めてしまうが、よく調べてみたところ、「朝食を規則正しくとる子供は家庭環境が良い」という事実があり、「家庭環境が良い子供は成績が良い」ということから、見た目上「朝食を規則正しくとる子供は学校の成績が良い」という事実が生じているだけだということがわかった。つまり、朝食と成績には直接の因果関係などなかったのだ。

この場合も、「家庭環境は良くないけど朝食はとっている」「家庭環境は良いが朝食は（たとえば、主義として）とらない」という例がまったく含まれていなければ、いくら「一部の正解を隠して当てさせる」というテストをしても、その相関がたまたまだということはわからない。結局、すべてはデータ依存である。データの中にないものは推定できない。

DIGIOMEをマルチオミックス解析で解明する場合も同じような問題がある。あるプロモーターのメチル化と、それとは全然関係ないように見えるマイクロRNAの量が連動して変化しているように見えた場合、それは「偶然」なのか「新しい生物学的な発見」なのか、現在の我々は確かめる方法がない。まだ観測できない第三の要因がこの二つを同時に制御して同じように変化させているだけかもしれないからだ（「良い家庭環境」という隠された要因が「規則正しい朝食」と「良い成績」という無関係なものを繋いでしまっていたのと同じように）。

その意味で、ＤＩＧＩＯＭＥを完全に理解するにはどうしても計測技術の進歩とＡＩ＝機械学習の方法論の発展が必要である。幸いなことに、両者の進歩の速度は目を見張るものがある。だから、きっとそう遠くない将来、僕らはＤＩＧＩＯＭＥの実体を理解することができるようになるだろう。

というわけで、この本は途中打ち切りの連載漫画よろしく、こんな言葉で終わるしかない。

「俺たちの戦いはまだ始まったばかりだ」

今後の発展に乞うご期待！

おわりに

DIGIOME《ディジィオーム》を巡る冒険譚はいかがだったろうか？　この本で説明でき（し）なかったことは数多《あまた》ある。たとえば、この「革命」を起こすのに必要だった革新的な計測技術の発展。ヒトゲノムプロジェクトの完遂に伴い、数多くの計測技術が発明され、そのおかげで膨大なデータが得られ、この革命が起きている。しかし、どんな技術が使われているかの説明はほぼでき（し）なかった。

また、個々のタンパクや遺伝子の名前もほぼあげなかった。用語の説明もたくさん出てきたわりにはさらっとしかしていない。転写因子とかプロモーターとか専門用語もたくさん出てきたが、それらの説明も最低限にとどめた。かえってわかりにくかったかもしれないが、そうしなかった理由は単純に本が「厚く」なってしまうからだ。そして、個々の用語の説明に紙数を取ると、全体の流れがよく見えなくなってしまう。

この本で重視したのは実際に何に重点が置かれて研究されているのかという考え方の部分であり、特に何かと何かの関係性の部分だ。分子生物学では従来「モノ」が重視されてきた。なんらかの遺伝子が見つかり、その機能が理解できることが重要だとされた。だが、この流れは大きく変わりつつあると思う。「モノ」と「モノ」の関係性、つまり、「コト」が重視される方向にゲノム科学の重点は移りつつあると思った。だから、そちらを中心に解説することで紙数を抑える方針を取った。

この試みがうまくいったかどうかは読者諸賢の見解におまかせしたいと思います。お読み頂いてありがとうございました。

〈さ行〉

〈た行〉

さくいん

N.D.C.467　222p　18cm

ブルーバックス　B-2136

生命《せいめい》はデジタルでできている
情報から見た新しい生命像

2020年 5 月20日　第 1 刷発行

著者　田《た》口《ぐち》善《よし》弘《ひろ》
発行者　渡瀬昌彦
発行所　株式会社講談社
〒112-8001 東京都文京区音羽2-12-21
電話　出版　03-5395-3524
販売　03-5395-4415
業務　03-5395-3615
印刷所　（本文印刷）豊国印刷株式会社
（カバー表紙印刷）信毎書籍印刷株式会社
製本所　株式会社国宝社

定価はカバーに表示してあります。

ISBN978−4−06−519597−0

発刊のことば

科学をあなたのポケットに

二十世紀最大の特色は、それが科学時代であるということです。科学は日に日に進歩を続け、止まるところを知りません。ひと昔前の夢物語もどんどん現実化しており、今やわれわれの生活のすべてが、科学によってゆり動かされているといっても過言ではないでしょう。

そのような背景を考えれば、学者や学生はもちろん、産業人も、セールスマンも、ジャーナリストも、家庭の主婦も、みんなが科学を知らなければ、時代の流れに逆らうことになるでしょう。

ブルーバックス発刊の意義と必然性はそこにあります。このシリーズは、読む人に科学的に物を考える習慣と、科学的に物を見る目を養っていただくことを最大の目標にしています。そのためには、単に原理や法則の解説に終始するのではなくて、政治や経済など、社会科学や人文科学にも関連させて、広い視野から問題を追究していきます。科学はむずかしいという先入観を改める表現と構成、それも類書にないブルーバックスの特色であると信じます。

一九六三年九月

野間省一